ずっと知りたかった
飛行機の事情
お天気とのビミョーな関係

稲葉弘樹 著

東京堂出版

はじめに

　飛行機は，わたしたちの生活には欠かすことのできない便利で最速の乗り物です．海外に行くときはもちろん国内旅行のときでも手軽に飛行機が利用できるような路線ネットワークが張りめぐらされています．東京-札幌間にはなんと1日40往復以上のフライトが飛んでいます．ところが，台風や大雪のときはもちろん少し強い風が吹いたときでも運航が大幅に乱れてしまうことがよくあります．電車などのほかの公共交通機関に比べて，飛行機は悪天候に弱いと思ったことはありませんか？　また，"ハイテク機"などとよばれる新型の飛行機は天気に対しても強くなっているのでしょうか？
　飛行機は，わたしたちをとりまいている空気である「大気」の中を飛んでいます．また「天気」とは，その大気の循環そのものと，それに付随しておこるいろいろな現象（雨，霧，台風，竜巻など）すべてのことです．このことから，飛行機と天気は切っても切れない関係であることがよくわかります．言いかえると，「天気を無視しての飛行機の運航はできない」ことになります．
　昨今の急速な技術の革新・進歩にともなうハイテク化のおかげでわたしたちの生活は便利になり，いままでできなかったことがいろいろできるようになりました．航空の分野では自動操縦など操縦にかかわるより多くの部分を機械まかせにできるようになりました．また，気象の分野では観測予報技術，情報処理技術，そして情報伝達技術（リアルタイム通信）の進歩によって，悪い天気の中に突入してしまう前にそれを察知して避けるためのナウキャストの精度向上などが可能になりました．
　しかし，科学や技術がいくら進歩したからといっても，自然現象である天気を人間の力によって制御すること（例えば台風を消滅させてしまうなど）はいまだに可能ではありません．飛行機にとって天気はときに厄介者であり，ご機嫌をそこなわないように注意しないと飛べなくなってしまうことがあります．また，悪い天気に遭遇しそうになったときには決して闘おうとはせずに逃げなければなりません．だから，台風がやってきたり雪が降ったり，また少し強めの風が吹いただけでも，フライトが大きく遅れたり欠航になって

しまったりするのです．

　このようなときに，航空会社のスタッフからは「天候の影響ですのであしからずご了承ください」と説明され，釈然としない思いをされた方も多いのではないでしょうか．この本は，「天気が悪いとなぜ飛行機は飛べないの？」という素朴な疑問に答えるとともに，ふだん飛行機に乗っているときに見過ごしてしまいがちなトピックを集めたものです．Q&A形式で，できるだけやさしいことばを使って謎解きができるように書いています．飛行機が悪い天気に弱いことの理由や背景を少しでも理解していただければよいなと思っています．また，一般旅行者の方々だけでなく，航空・旅行業界でお客様に接する職員の方々にも読んでいただければ「あしからず……」と説明することばに奥行きができるのではないでしょうか．

　最後になりましたが，図版・写真を提供してくださり，また掲載を許可されたすべての方々と，この本を出版する貴重な機会を与えてくださいました新田尚元気象庁長官に心からの感謝の意を表します．また，執筆・編集すべての過程で終始多大なご支援をいただいた東京堂出版の廣木理人・林謙介の両氏にも厚く御礼を申し上げます．

2008年6月

稲　葉　弘　樹

◎ずっと知りたかった飛行機の事情―お天気とのビミョーな関係―　目次

はじめに　i
目　　次　iii

1　空気の海の中を泳ぐ飛行機
- 1-01　「飛ぶ」ってどういうこと？ ……………………………………… 1
- 1-02　「揚力」によって飛ぶ！ …………………………………………… 5
- 1-03　どれくらいの高度を飛んでいるの？ …………………………… 8
- 1-04　雲の上を飛んでいるの？ ………………………………………… 10
- 1-05　"天気が悪い"と飛行機はゆれるの？ ………………………… 13

2　出発から到着まで
- 2-01　空港でも天気の観測が行われているの？ ……………………… 16
- 2-02　飛行機専用の特別な天気予報ってあるの？ …………………… 19
- 2-03　空にも道がある ……………………………………………………… 24
- コラム　2006年2月アメリカの空はジェット気流で大混乱 ………… 30
- 2-04　「天候調査中」で搭乗手続きが一時中止 ……………………… 31
- 2-05　運航の可否を決めるのはだれ？ ………………………………… 33
- 2-06　パイロットはどれくらいの気象情報を持っているの？ ……… 36
- 2-07　ナウキャストとはどういうこと？ ……………………………… 41
- 2-08　天候で乗客数や貨物の量に制限があるってほんとう？ ……… 44
- 2-09　離陸や着陸の方向はどのように決められているの？ ………… 47
- 2-10　離着陸時の横風の限界はどれくらい？ ………………………… 52
- 2-11　飛行場は風向きによってつくられているってほんとう？ …… 54
- 2-12　空の上は空気が薄いって聞いたけど酸欠にならないの？ …… 56
- 2-13　耳が痛くなることがあるのはなぜ？ …………………………… 58
- コラム　「飛ぶお仕事」と「航空性中耳炎」 ………………………… 60
- 2-14　オゾンが客室内に入ってきたらどうなるの？ ………………… 61
- 2-15　着陸直前に上昇して空港を通りすぎたのはなぜ？ …………… 63
- 2-16　ダイバージョンとの機長のアナウンス！　なぜ？ …………… 65
- 2-17　どのような気象状況のときにダイバージョンになるの？ …… 67

2-18 目的地の天候回復待ちで遅れて出発したのに
　　　結局ダイバージョン？ ……………………………………………………… 69
コラム　航空会社どうしが天気予報で競っている？ …………………… 71
2-19 滑走路が閉鎖になるとき ………………………………………………… 72
2-20 滑走路が閉鎖になったら出発機や到着機はどうなるの？ ………… 74
コラム　中部空港には雪が降らないはずだったのに!?① …………… 76

3　飛行機のライバル・風

3-01 横風が飛行機におよぼす影響は？ ……………………………………… 77
3-02 ウインドシアって何？ …………………………………………………… 80
3-03 ウインドシアの飛行機への影響は？ …………………………………… 83
コラム　成田空港史上最悪の日はウインドシアだった ……………… 86

4　乱気流と飛行機

4-01 乱気流とは？ ……………………………………………………………… 87
4-02 雲の中を飛ぶとどうしてゆれるの？ …………………………………… 91
4-03 晴天乱気流って特別な乱気流なの？ …………………………………… 95
コラム　「満天の星空だった」 …………………………………………… 97
4-04 シートベルトはいつもしていろ！！ …………………………………… 98
4-05 無くなった「エアポケット」 …………………………………………… 100
4-06 山岳波って何？ …………………………………………………………… 101
4-07 乱気流の観測や予測方法は？ …………………………………………… 103

5　視界不良と飛行機

5-01 空港と霧 …………………………………………………………………… 107
コラム　霧以外に視程を悪くする現象 ………………………………… 109
5-02 いつも乗っている飛行機は有視界飛行？　計器飛行？ …………… 110

6　積乱雲／雷と飛行機

6-01 積乱雲はなぜ怖いの？ …………………………………………………… 112
6-02 飛行機に雷が落ちることがあるってほんとう？ …………………… 114
6-03 飛行機にひょうがあたったら？ ………………………………………… 117

6-04 恐怖のダウンバーストって何？……………………………………………119
6-05 「マイクロバーストアラート」で離着陸できないって？……………121

7　台風と飛行機

7-01　台風が空港を直撃したら運航はどうなるの？……………………123
7-02　飛行ルート上に台風がある場合にはどうするの？………………125
7-03　台風が来る前に空港から飛行機が逃げるってほんとう？………128
7-04　飛行機から台風の眼を見ることができるの？……………………130

8　雪・氷と飛行機

8-01　飛行機に雪が積もると飛べないの？………………………………132
コラム①　飛行機の除雪が遅れて成田空港は大混乱……………………135
コラム②　新潟県中越地震災害支援でディアイシングカーが大活躍…136
8-02　滑走路に雪が積もるとやはり離着陸できないの？………………137
8-03　滑走路の除雪はどのようにするの？………………………………139
コラム　中部空港には雪が降らないはずだったのに !? ②………………141
8-04　滑走路の滑りやすさを表現する方法はあるの？…………………142
8-05　飛行機への着氷って？　影響は？…………………………………143

9　そのほかの気象現象と飛行機

9-01　雨も飛行機に影響を与えるの？……………………………………145
9-02　大雨が降ると滑走路にも水たまりができるの？…………………147
9-03　飛行機雲はほんとうの雲？　それとも排気ガス？………………149
9-04　火山の噴火は運航に影響を与えるの？……………………………152
9-05　飛行機からオーロラを見ることができるの？……………………156
9-06　地震も飛行機の運航に影響を与えるの？…………………………158
9-07　黄砂も運航に影響を与えるの？……………………………………159

参考文献・参考ホームページ・写真提供　162
索引　165

1-01
「飛ぶ」ってどういうこと？

飛ぶものを分類してみよう

　空を飛ぶものといえば，虫，鳥，一部の動物，飛行機，そしてロケットなどがあります．では，それぞれの飛び方を見てみましょう（図1参照）．

　「虫」はとても速く（1秒間に何百回も）羽根を羽ばたかせて，空気に渦を作り出して飛んでいます．

　「鳥」は翼を大きく広げることによって浮き，翼を羽ばたかせることによって前に進んでいます．

　また，「動物」のなかまのコウモリは鳥と同じように翼によって空を飛び，

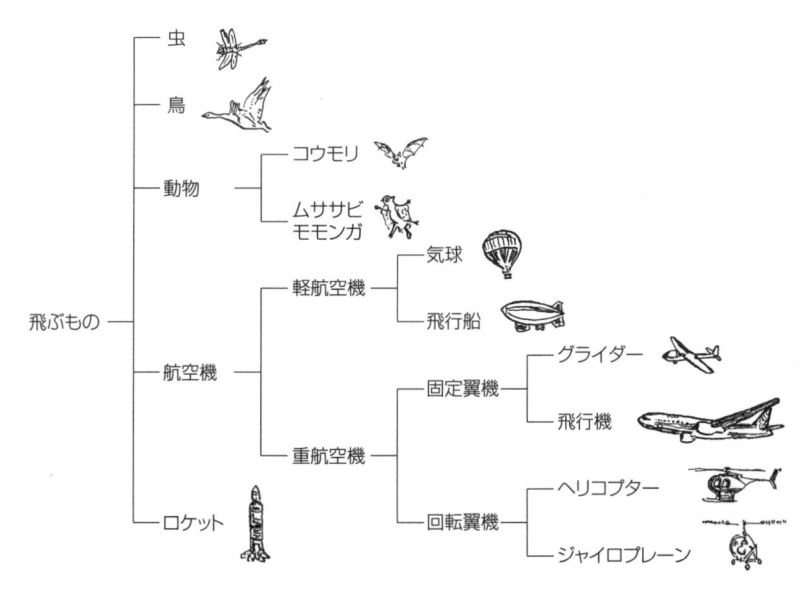

図1　飛ぶものの分類

ムササビやモモンガは前脚と後脚のあいだに張った膜状の翼で，木から木へと飛び移ります．

　空を飛ぶ乗り物のことを「航空機」とよびます．航空機はまず，浮かびながら飛ぶ「軽航空機（気球や飛行船など）」と，翼が機体を上に持ち上げる力を生み出して飛ぶ「重航空機」に分けられます．さらに，重航空機は，「固定翼機（グライダーや飛行機）」と「回転翼機（ヘリコプターなど）」に分類されます．わたしたちがふだん利用しているジェット旅客機は，「固定翼機」のなかの「飛行機」にあたります．

　最後に，「ロケット」は高温高圧のガスを後ろに勢いよく噴き出して，その反動によって飛んでいきます．

空気よりも軽くなれると飛べる

　わたしたちの住む地球は，空気に包まれています．地上にあるものは空気よりも重いために，空気という海の底に沈んでいると考えればよいでしょう．空気の海の中を飛ぶためには，何らかの方法で空気よりも軽くなることができればよいのです．これまでに分類した「飛ぶもの」の中で，鳥や重航空機は「揚力」の，軽航空機は「浮力」の助けを借りて，空気よりも軽くなり飛んでいます．「空気の海の中を泳いでいる」といえば，よりわかりやすくなると思います．

　海がなければ船が航海できないのと同じように，空気がなければ鳥も航空機も飛べません．例外として，ロケットだけは空気を必要としません．だから，空気のない宇宙空間まで飛んでいけるのです．ロケットは，専門的には「宇宙機」あるいは「航宙機」とよばれています．

　むかしの人たちは昆虫や鳥やコウモリが空を飛ぶのを見て，翼に秘密があるのではないかと考えました．大空に舞い上がる夢を見ながら，鳥のまねをして翼の形をしたものを腕につけて，

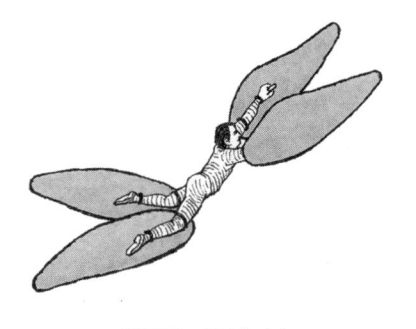

『飛行機の歴史』より

真剣に「鳥人間コンテスト」にチャレンジした人がたくさんいましたが，みんな失敗して多くの人が命を落としました．

空飛ぶ夢をはじめて実現したのは，鳥人間ではありませんでした．フランスの製紙業者モンゴルフィエ兄弟は煙が空に昇ることをヒントに，熱気球を考案．1783年11月21日，パリで人類の初飛行を記録しました．その10日後の12月1日，同じくフランスの物理学者シャルル兄弟は，水素ガス気球での飛行に成功しています．しかし，この2組の兄弟の発明は，揚力を利用したものではなく，水より軽いものが水に浮くように，空気よりも軽いものが空中に浮かぶこと（「浮力」といいます）を利用して飛んだものでした．気球の発明は，後のヘリウムガスを利用した飛行船時代へとつながっていきます．

ドイツのリリエンタールは，なぜ鳥が飛ぶのかをくわしく研究しました．彼は，鳥が翼を大きく広げて羽ばたかなくても空を飛んでいられるのを見て，風を切る翼に上に引き上げる力がはたらくので，鳥が落ちてこないことに気付きました．この力を「揚力」といいます．1891年，リリエンタールは翼の長さが7mもあるグライダーを作成して，300m以上の飛行に成功しました．1896年に墜落死するまでの6年間に2000回以上の飛行実験をおこない，多くの貴重な資料を残しました．

はじめて飛んだエンジンつき飛行機

アメリカの自転車屋ライト兄弟は，リリエンタールが残した資料などから

写真1　ライト兄弟による人類初の動力飛行

学び，グライダーの飛行実験を重ねるとともに，翼の構造や揚力のことなどを研究しました．グライダーで飛び降りて前に進むと翼に揚力が発生するなら，エンジンとプロペラをつけて飛行機を前進させ，飛び上がるのに必要な揚力を作り出せばよいと考えました．当時の自動車のエンジンはどれも飛行機には重すぎたので，自分たちで軽いエンジンまで作ってしまいました．

　1903年12月17日，ライト兄弟は，4気筒12馬力のガソリン・エンジンつき「フライヤー1号」で，59秒間，260 mを飛び，人類初の動力飛行に成功しました．ノース・カロライナ州キティホーク海岸の砂丘でのこの記念すべき瞬間を見ていたのは，意外にも村人らわずか5人でほとんどの新聞も報道しませんでした．

コラム　日本の鳥人⁉　浮田幸吉

　江戸時代中期の1785年（天明5年）7月，備前の国（岡山県）の表具師・浮田幸吉は，鳩の飛行に学んで竹と和紙で大きな翼をつくりました．幸吉は高さ10 mほどの橋の上から飛び立ち，数十mの飛行に成功して人々を驚かせたそうです．

　しかし，幸吉は人々を騒がせたという罪で町から追放されてしまいました．もしこの話がほんとうならば，リリエンタールよりも100年以上はやく飛行を成し遂げたことになります．

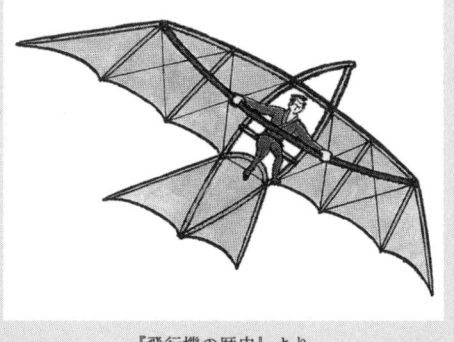

『飛行機の歴史』より

1-02
「揚力」によって飛ぶ！

揚力はエンジンと翼のコラボレーション

　飛行機を前へ進める力は，エンジンによって生み出されます．ジェットエンジンは，まず，大きな扇風機の羽根のようなものが何十枚もついた，ファンブレードとよばれるものが回転することにより，多量の空気をエンジン前方から吸い込みます．吸い込んだ空気を圧縮したところに燃料を噴射して，火をつけて燃焼させます．そして，猛烈な勢いの排気ガスをエンジン後方か

写真2　ファンブレード（ユナイテッド航空機，著者撮影）

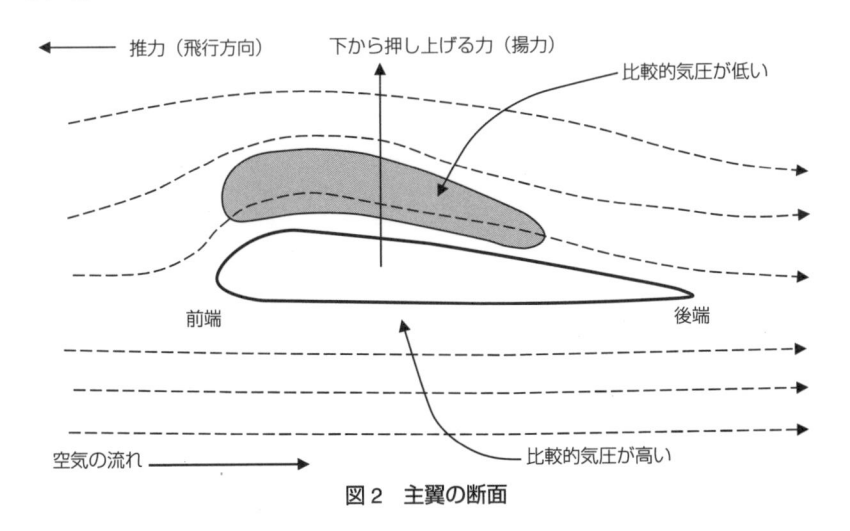

図2　主翼の断面

ら吹き出し，前進する力を生み出します．この飛行機を前に進める力を「推力」といいます．

また，飛行機を宙に浮かせるための上向きの力「揚力」は，翼（主翼）によって生み出されます．飛行機の翼の断面を見てみると，上面が丸みを帯びて上にふくらんだ形をしていて，下面は平らになっています（図2参照）.

飛行機がエンジンの推力により前へ進むと，翼は空気を切り裂きながら前進していくので，周囲の空気は翼の前端で上と下に分かれます．切り裂かれた空気はそれぞれ翼の上面と下面に沿って流れ，後端の部分でまたいっしょになります．このときに翼の上面を流れる空気は翼の形状のために，下面よりも長い距離を同じ時間で移動しなければならなくなり，空気の流れの速度は下面よりも速くなります．空気の流れが速いところでは，気圧が低くなる（空気が薄くなる）性質があるので，翼の上と下に気圧差が生じます．水道の蛇口から流れる水に下向きにしたスプーンの背をそっと近づけてぶつけてみると，スプーンは外側にはじかれるのではなく水流の中に引っ張り込まれるように，翼の上面では気圧が低くなるので，翼を上に吸いあげようとする力が発生します．この気圧差によって生み出される上向きの力が「揚力」です．飛行機は，この揚力のおかげで大空に舞い上がっていけるのです．

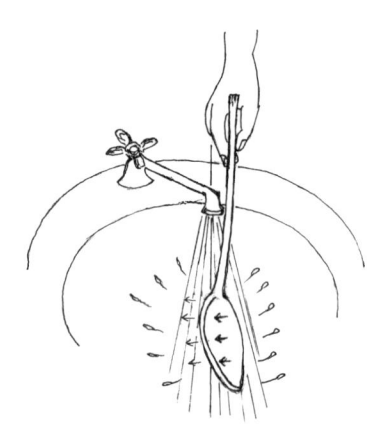

飛行機にはたらく4つの力

飛行機がみずから「揚力」を発生させるためには，翼が空気を切り裂きながら前に進まなければなりません．そのために，飛行機を前進させる「推力」をエンジンによって作り出しています．

しかし，飛行機にはたらく力は「推力」と「揚力」だけではなく，前進することに抵抗する空気の力である「抗力」と，地球の引力によって飛行機を

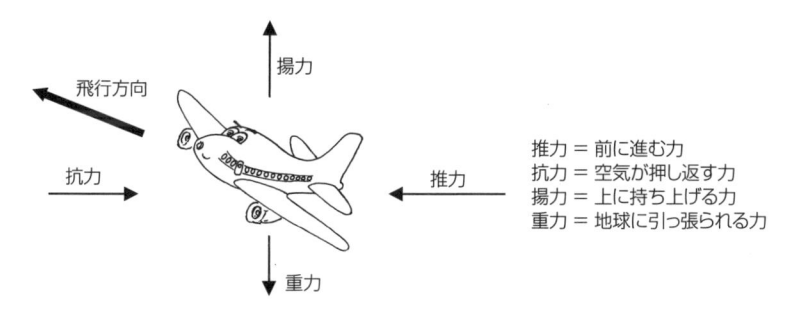

推力 = 前に進む力
抗力 = 空気が押し返す力
揚力 = 上に持ち上げる力
重力 = 地球に引っ張られる力

図3　揚力・重力・推力・抗力のバランス

地面の方向に引っ張り戻そうとする「重力」があります．したがって，加速するためには抗力に十分に打ち勝つ推力が必要で，上昇するためには重力に勝る揚力を生み出さなければなりません．水平飛行は，揚力と重力がうまくつりあっている状態であるといえます．

飛行機はこの4つの力，揚力，重力，推力，抗力のバランスをうまく調節することによって上昇や降下，そして水平飛行をしています（図3参照）．

揚力 ＞ 重力 ⇒ 上昇
揚力 ＜ 重力 ⇒ 降下
推力 ＞ 抗力 ⇒ 加速
推力 ＜ 抗力 ⇒ 減速

揚力 ＝ 重力　そして　推力 ＝ 抗力
⇒ 一定の高度を一定の速度で飛ぶ

1-03 どれくらいの高度を飛んでいるの？

　飛行機は，ふつう地上から約1万mの上空を飛んでいます．地球は空気に包まれていて，私たちは空気の海の底に住んでいます．深海にいくほど水圧が高くなるのと同じように，空気の海の底である地上が空気の濃度（気圧）がもっとも高くなっています．また，地上から離れて上空にいくほど空気の濃度は低くなります．空気の濃度が低く（気圧が低く）なると飛行機にかかる空気の抵抗が少なくなるので，より前に進みやすくなります．つまり，上空にいくほど燃費がよくなるのです．

　それでは，「1万mよりさらに高いところを飛べばもっと燃費が良くなるのでは？」と思いたくなります．しかし，ジェットエンジンは吸い込んだ空

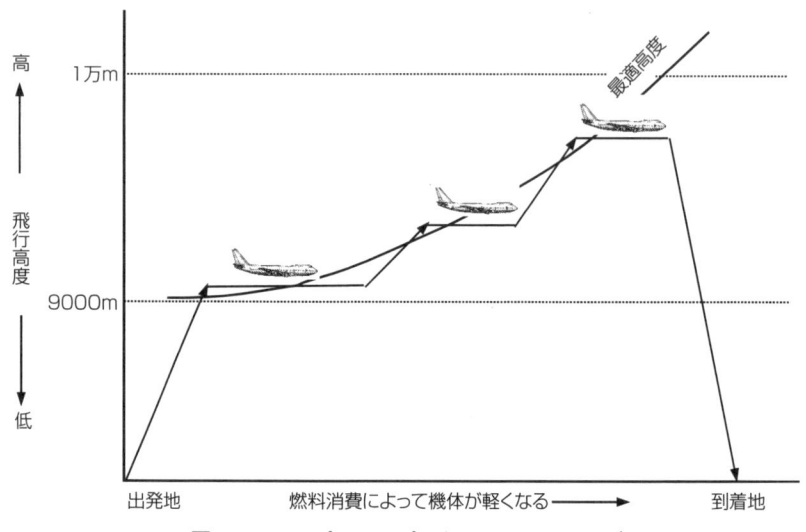

図4　ステップ・アップ・クライムのイメージ

気と燃料を燃焼させて発生する猛烈な勢いの排気ガスによって推力（前に進む力）を得ているので，空気が薄くなりすぎるとこの推力が弱くなってしまい，逆に燃費は悪くなってしまいます．約1万mがエンジンの推力と空気の抵抗のつりあいで，もっとも効率（燃費）がよくなる高度なのです．1万mはキロメートルになおすと10kmなので，飛行機が飛ぶ距離と比べるとたいしたことがないように思えますが，高度としての1万mはすごく高い高度になります．水平飛行でとても燃費が良くなるとしても，飛行機をその高度まで持ち上げる（上昇する）ためにはより多くの燃料が必要になります．したがって，国際線で長距離を飛行する飛行機は出発時に搭載している燃料が多く機体がとても重いので，一気に1万mまで上昇しようとするとかえって効率が悪くなってしまいます．そこで，徐々に高度を上げていく方式（ステップ・アップ・クライムという）で上昇していくことがあります．つまり，まず9000mまで上昇して，ある程度の燃料を消費して機体が軽くなったら300m上昇，そしてまた300m上昇…のような方法です（図4参照）．

一方，国内線のような短距離の路線では，飛行時間が短いために必要以上に上昇に時間をかけることができない（上昇と降下だけで飛行が終わってしまう）ので，8000m程度までしか上昇しません．

1-04 雲の上を飛んでいるの？

　国際線などの長距離路線の飛行機が飛ぶ高度約1万mよりも高いところには雲はほとんどありません．つまり，飛行機は雲よりも高いところを飛んでいます．このことのヒントは，「暖かい空気は軽く，冷たい空気は重い」という性質にあります．

大気の構造

　地球をとりまいている空気は，1000 km以上の上空まで存在することがわかっていますが，温度の変化の傾向（上空にいくにつれて温度が下がるか上がるか）によっていくつかの層に分けられています（図5参照）．

　地上〜高度約11 kmの層を「対流圏」といいます．対流圏では高度1 kmについて約6.5℃の割合で温度が下がります．そして，高度約11 kmで温度の変化がなくなる部分を「対流圏界面」といいます（ただし，対流圏界面の高さは緯度によって差があり，赤

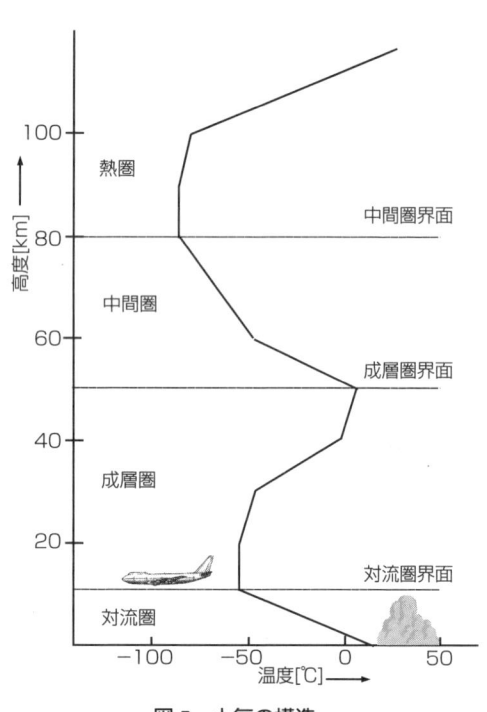

図5　大気の構造

道付近では約 18 km, 北極や南極付近では約 8 km です). 高度とともに温度が上昇していく高度約 11～50 km の層を「成層圏」といい, 再び温度が下がり始める部分を「成層圏界面」といいます. 成層圏で温度が上昇するのは, オゾンが太陽からの紫外線を吸収するからです. さらに, 高度とともに温度が下降する高度約 50 ～ 80 km の層を「中間圏」, 中間圏よりも上空の再び温度が上昇する層を「熱圏」といいます.

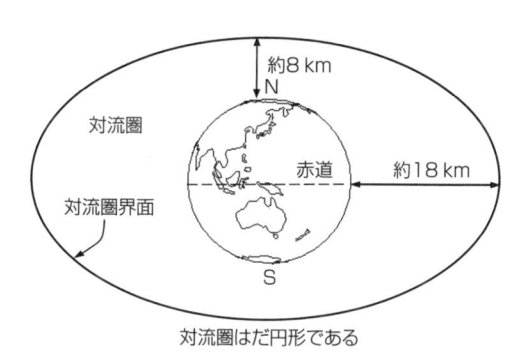

図6　対流圏界面の高さ

飛行機が飛ぶ高度と温度の関係

暖かい空気は軽く, 冷たい空気は重い性質があります. したがって, ある空気のかたまりがまわりの空気よりも暖かいと上昇しはじめます. 上昇した空気はまわりの空気が薄い（気圧が低い）ために膨張して冷やされます. すると, 冷やされた空気中の水蒸気が雲粒となり, 雲ができはじめます. その空気の塊がまわりの空気よりもまだ暖かい場合は, どんどん上昇して雲をつくり続けます（図 7 参照）. しかし, 対流圏界面を過ぎるとまわりの空気の温度は高度とともに上がりはじめます. すると, 雲をつくりながら上昇してきた空気のかたまりの温度は, 周囲の空気よりも冷たくなり, もはや上昇できずに雲をつくれなくなってしまいます. だから, ちょうど対流圏界面付近にあたる飛行機が飛ぶ高度

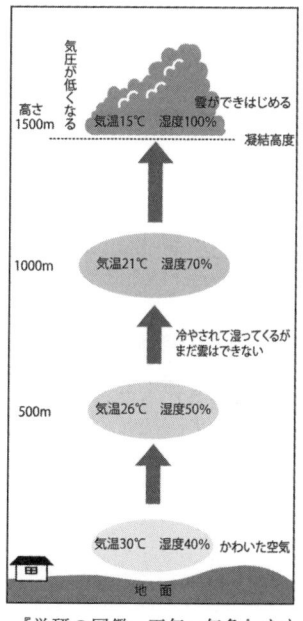

『学研の図鑑　天気・気象』をもとに作成

図7　雲のでき方

写真3　飛行機の窓からは積乱雲も見下ろせる（高度10400 m より）

約1万mには雲のないことが多いのです．
　ちなみに，気象現象などの大気現象のほとんどは対流圏の中でおこっています．また，大気中の水蒸気のほとんども対流圏に存在します．半径およそ6400 kmの地球に対して，ほんの薄っぺらな地上から約11 kmの範囲内で，天気の変化のほとんどがおこっているなんてとても不思議な気がしませんか？　直径30 cmの地球儀があるとしたら，ボール紙1枚ほどの厚さの中にしか雲は存在しないのです．

1-05 "天気が悪い"と飛行機はゆれるの？

　天気が悪い日には，着陸のときに飛行機が急にかたむいたりしてこわい思いをすることがあります．たしかに，お天気と"ゆれ"は関係していますが，そのヒントは目に見えないのでつい忘れてしまう「空気」の存在に隠されています．

お天気って何？

　地球の表面全体を覆っている空気は「大気」とよばれ，空や大気の状態を「晴れ」「くもり」や「雨」などのわかりやすい現象であらわしたものが「天気（気象現象）」です．「天気」は大気中の空気の移動によってさまざまに変化します．そして，大気中の自然現象のほとんどは天気です．飛行機の世界では，"悪い天気"とは「雨」「雷」「霧」そして「強風」などのことをさします．

飛行機はなぜゆれる？

　自動車はタイヤに支えられて走っているので，タイヤがデコボコ道を転がると車軸のバネなどで吸収しきれなかった振動が車体に伝わりゆれてしまいます．また，船は水の上に浮いているので，波があると船全体がゆれてしまいます．それでは，飛行機はどうしてゆれるのでしょうか？　飛行機は，大気の中を空気によって支えられて飛んでいます．例えて言いかえると，「空気という海の中を進む潜水艦である」といえます．したがって，空気の流れ（風）が穏やかなときにはゆれませんが，空気の流れにバラツキや乱れがあるところ（前後左右だけではなく上下方向にも），つまり風速や風向が大きく変化するところでは機体はその影響を受け，ゆれてしまうことになります．

逆に考えてみると，飛行機にとってよい天気とは，「空気の流れが穏やかで安定しているとき」のことになります．

お天気と飛行機と空気の関係

飛行機がゆれるのは，たしかにお天気と関係がありますが，より正確に考えると，大気中の空気の流れが乱れているからお天気も悪くなり，飛行機もゆれることになります．つまり，"飛行機のゆれ"と"お天気"の間柄は"空気の流れ"という仲人さんによって取り持たれているのです．

天気の悪さは"ゆれ"の理由のひとつではありますが，それ以外にも理由はいろいろあります．たとえば，天気がよい中での乱気流である「晴天乱気流」があげられます．また，雲の中を飛ぶとゆれるのは，雲の中には上昇気流があるからです．

「天気が悪い」といってもいろいろありますが，飛行機はどんな天気が苦手なのか具体的に見てみましょう．飛行機は空気の海の中を泳いでいます．だから，空気の流れである「風」がとても強いことや，風の吹いてくる方向・強さが急激に変化するようなことはあまり好きではありません．また，視界を悪くする「霧」や「強雨」も得意ではありません．しかし，飛行機にはもっともっと苦手なことがあるのです．

「悪いお天気」と「悪天」

飛行機がきらいな天気の状況は，離着陸のときに影響をおよぼすいわゆる「悪いお天気」と安全な飛行に差し支えるかもしれない「激しい気象現象（専門用語では「悪天」といいます）」とに分けることができます．

悪いお天気

風，霧，強雨，降雪，低い雲，雷などの天気現象は，飛行機の運航の支障となることがあります．「視界が悪くて着陸ができずにほかの空港へ向かってしまった」「天気（雷雨など）の回復を待つために出発が遅れてしまった」，あるいは「雪のために欠航になってしまった」など，ときには運航の可否を左右してしまうこともあります．しかし，これらの「悪いお天気」は遅延や

```
                      ┌─ 風              ┌─ 活発な雷電
                      ├─ 霧              ├─ 熱帯低気圧
                      ├─ 強雨            ├─ ひょう
悪いお天気 ──┤                 悪天 ──┼─ 強い乱気流
                      ├─ 降雪            ├─ 強いスコールライン
                      ├─ 低い雲          ├─ 強い着氷
                      └─ 雷              ├─ 山岳波
                                         ├─ 広範囲に広がった砂塵あらし
                                         └─ 火山の噴火
```

「悪いお天気」の場合は，あらかじめ決められた条件以上ならば，飛行機は飛ぶことができるが，「悪天」の場合はその状況を避けるか，あるいは飛行を中止しなければならないことがある．

図8　「悪いお天気」と「悪天」

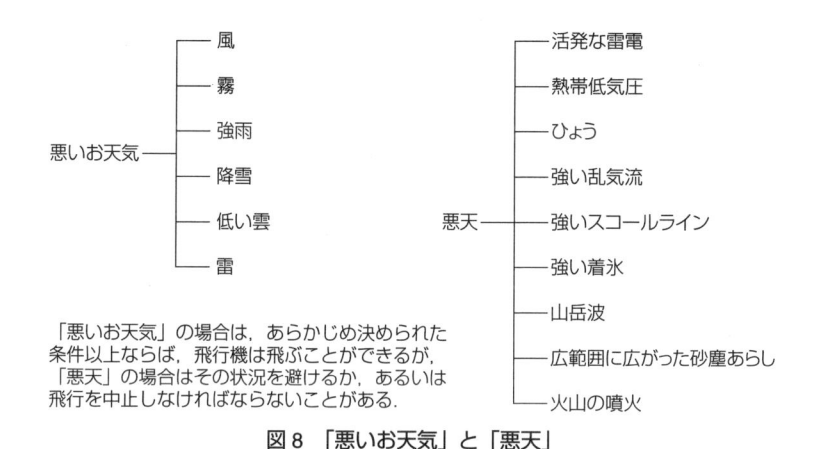

欠航など飛行機の運航を妨げることはありますが，安全を脅かす（直接事故につながる）ことはありません．

悪天

「悪天（Significant Weather）」とは，国際民間航空機関（ICAO）によって定められた，飛行機の運航に重要な影響をおよぼす気象現象のことをいいます．具体的には，①活発な雷電，②熱帯低気圧（台風を含む），③ひょう，④強い乱気流，⑤強いスコールライン，⑥強い着氷，⑦山岳波，⑧広範囲に広がった砂塵あらし，⑨火山の噴火のことをさします．これらの現象は，飛行機が飛行中に遭遇したり，その中に突入したりしたときに操縦困難や操縦不能，または機体の損傷，さらには揚力の減少やエンジンの停止など，直接事故につながるかもしれない現象です．飛行機はこれらの「悪天」が予測されたり，または観測（他の飛行機からの報告など）されたりしたときには，避けて飛行しなければいけないことになっています．しかし，いわゆる「悪いお天気」にくらべると，発生の頻度は高くありません．

2-01 空港でも天気の観測が行われているの？

「地上からの報告によりますと，〜空港の現在の天気は晴れ，気温は摂氏25℃とのことです」のような機長のアナウンスを到着前によく耳にします．ところで，空港ではだれがいつどのようにして天気を観測しているのでしょうか？

空港における気象観測

日本には約90の空港がありますが，それぞれの空港にはその空港の規模に応じて航空地方気象台，航空測候所，空港出張所などの何らかの気象官署（気象庁や自衛隊の機関など）が設置されています．これらの気象官署は，飛行機が安全で快適に，また経済的に運航できるように定期的に天気の観測をおこない，空港内外の運航関係者に通報しています．その内容が無線あるいはデータ通信によってコックピットに届けられ，機長のアナウンスになっているわけです．航空会社では観測された天気の内容には常に注意を払い，安全で快適な飛行ができるように心がけています．

観測時間帯や観測時刻は，その空港の規模や目的などにより異なりますが，主な空港では30分ごとあるいは1時間ごとに24時間体制で観測が実施されています．さらに，気象状況が定められた基準以上に変化したときには，随時観測を行います．悪天候のときには，1日の観測回数が150回を越えることもあります．

観測された内容は，コンピュータ回線を通じて国際間で自動的に交換されるように取り決められていますので，世界中の空港がいまどのような天気であるのかをリアルタイムに知ることができます．

表1 観測される気象要素

観測要素	観測方法	観測場所
風	風向風速計	露場および滑走路端
視程	目視	観測室
滑走路視距離	滑走路視距離計	滑走路横
大気現象	目視	観測室
雲量・雲形	目視	観測室
雲底の高さ	雲高測定器(シーロメーター)	露場または滑走路端
気温・露点温度	温度計・湿度計	露場
気圧	気圧計	観測室
降水量・降水強度	雨量計	露場
大気の乱れ方	空港気象ドップラーレーダー	空港内
雷	雷検知装置	空港内

※「大気の乱れ方」と「雷」については,主に大規模な空港のみにおいて観測されています.

観測される気象要素

　気圧,気温,風,雲などの大気の状態やその変化をあらわすために使われているものを「気象要素」とよびます.空港で観測されているそれぞれの気象要素の観測方法と観測場所は表1のとおりです.

　表中の「観測室」は管制塔などの建物の中に設置されている観測者が常駐している場所で,「露場」は観測室から遠く離れ,滑走路の状態を代表するようなデータが観測できると思われる実際に観測器が設置されている場所のことをさします.

　このように空港における天気の観測は,ふだんわたしたちが接している気象情報よりもかなり細かく,またより多くの要素についておこなわれていることがよくわかります.

観測の場所(実例)

　観測測器などが実際にどのように配置されているか,成田空港の例を図9に示します.

18 | 2 出発から到着まで

航空気象観測測器等配置図

凡例:
- ◇ 滑走路視距離計
- ✕ 風向風速計
- ⊗ シーロメータ
- ◇ 温度計・湿度計
- □ 雨量計
- ▷ 目視観測補助装置
- ✻ 空港気象ドップラーレーダー
- ⊘ 雷検知局
- ◉ 気象観測室

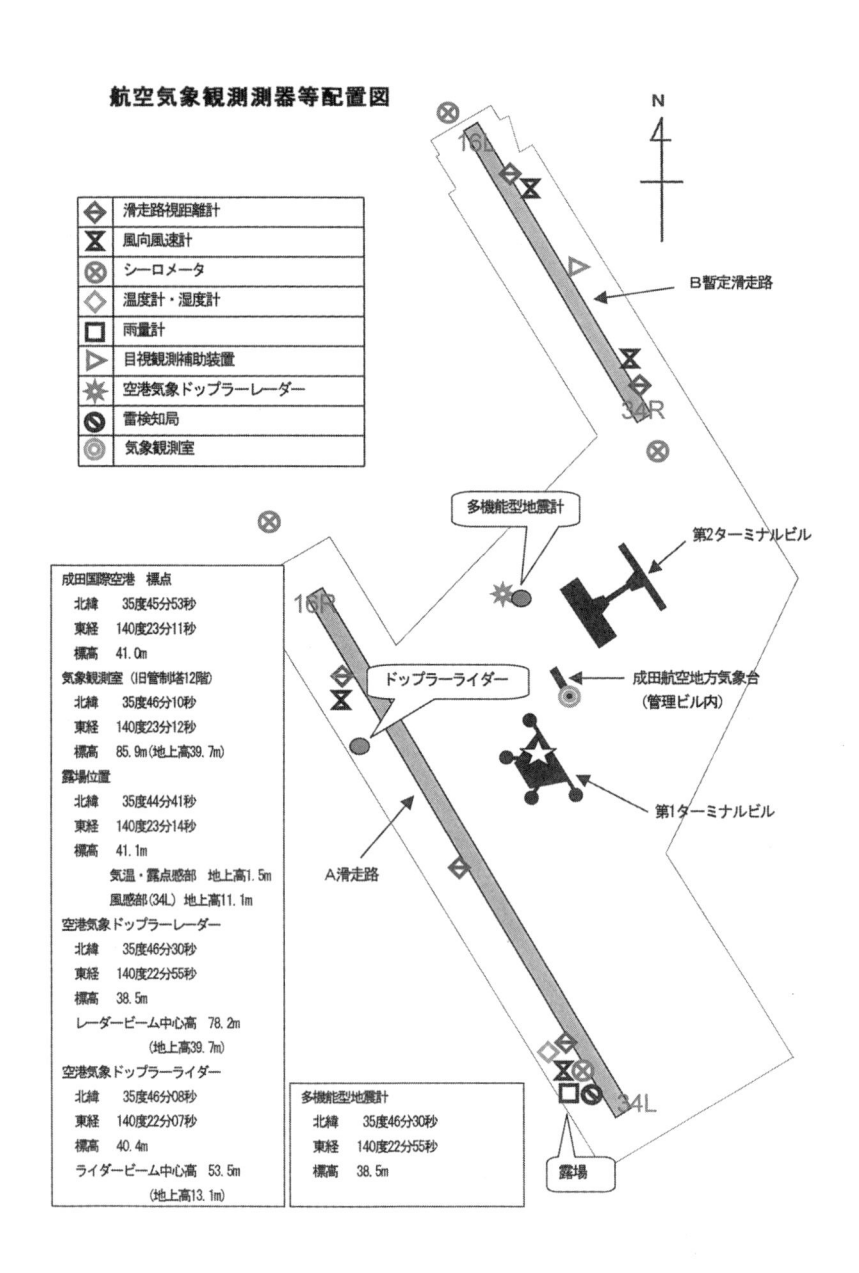

成田国際空港 標点
　北緯 35度45分53秒
　東経 140度23分11秒
　標高 41.0m
気象観測室(旧管制塔12階)
　北緯 35度46分10秒
　東経 140度23分12秒
　標高 85.9m(地上高39.7m)
露場位置
　北緯 35度44分41秒
　東経 140度23分14秒
　標高 41.1m
　気温・露点感部 地上高1.5m
　風感部(34L) 地上高11.1m
空港気象ドップラーレーダー
　北緯 35度46分30秒
　東経 140度22分55秒
　標高 38.5m
　レーダービーム中心高 78.2m
　　　　　　　　(地上高39.7m)
空港気象ドップラーライダー
　北緯 35度46分08秒
　東経 140度22分07秒
　標高 40.4m
　ライダービーム中心高 53.5m
　　　　　　　　(地上高13.1m)
多機能型地震計
　北緯 35度46分30秒
　東経 140度22分55秒
　標高 38.5m

ラベル: B暫定滑走路、34R、多機能型地震計、第2ターミナルビル、16R、ドップラーライダー、成田航空地方気象台(管理ビル内)、第1ターミナルビル、A滑走路、34L、露場、16L

図9　成田空港の気象観測測器の配置（成田航空地方気象台提供）

2-02
飛行機専用の特別な天気予報ってあるの？

　飛行機の運航には，出発空港，到着空港，そして飛行ルート上のくわしい天気予報が必要になります．しかし，わたしたちが毎日耳にしているような「晴れときどき曇りでしょう」「午後にかけて断続的に強い雨が降るでしょう」，あるいは「北よりの風が強く寒くなるでしょう」などのような主にことばで表される一般的な天気予報では飛行機の安全な運航には十分ではありません．そこで，主に数値で表される航空専用の「航空気象予報」が活用されています．航空気象予報は，飛行場予報，飛行場警報・飛行場気象情報，空域予報，悪天予報などに分類できます．

　なお，気象業務法には「気象庁は，気象などについての航空機の利用に適合する予報および警報をしなければならない」と規定されていて，航空に対して特に配慮がなされていることがわかります．

飛行場予報

　飛行場予報は，飛行機の離着陸に必要な飛行場内の気象要素を予報するものです．その内容は，風向風速，視程[*1]，滑走路視距離[*2]，雲量，雲底の高さ，天気，気温，気圧などで，主に量的に（数値を用いて）表されます．飛行場予報には以下のような特徴があります．

① 予報する範囲が飛行場を中心とした半径9km以内に限定されています．

② 風向や風速の変化，視程，雲底の高さや量，離着陸に影響をおよぼす現象（雷，霧など）を予報します．

[*1] 水平方向に樹木や建物などの形を見分けられる距離のこと
[*2] パイロットが滑走路の端から見て滑走路がどれくらい見えるかを示す距離のこと

表2 飛行場警報の種類

種類	成田国際空港における発表基準[*3]（例）
飛行場強風警報	10分間平均風速17〜24 m/秒が予想される場合
飛行場暴風警報	10分間平均風速24 m/秒以上が予想される場合（台風による10分間平均風速33 m/秒以上の場合を除く）
飛行場台風警報	台風により10分間平均風速33 m/秒以上が予想される場合
飛行場大雨警報	1時間に50 mm以上または3時間に120 mm以上の降水量が予想される場合
飛行場大雪警報	24時間の降雪の深さが5 cm以上になると予想される場合

③ 「12時から，風向が360度（北）から90度（東）に変わり，風速も秒速10 mから15 mに強くなる」などのように時間的に細かく現象の変化や発生を予想します．

④ 「雲底の高さは300 mで，雲量は全天の5/8から7/8，視程は5000 m」などのように現象を具体的な数値で予想します．

飛行場予報は，1日に4回あるいは8回それぞれの空港の気象官署（航空気象台，航空測候所，空港出張所など）から発表され，予報の内容は発表から27時間後までが有効となっています．飛行場予報はコンピュータ回線を通じて国際間で自動的に交換されるように取り決められていますので，どんなに長距離を飛行する国際線であっても，飛行開始前に目的空港の到着予定時刻の飛行場予報を入手することができます．

飛行場警報と飛行場気象情報

空港の気象官署は，台風，強風，大雨，または大雪などにより，駐機中の飛行機や空港内の施設に重大な被害がおよぶと予想される場合には，「飛行場警報」を発表して警戒を呼びかけます（表2参照）．また，台風，ウインドシア，大雪，雷により，飛行機の運航や空港内の施設に悪影響があると予想される場合には，「飛行場気象情報」を発表して注意を呼びかけます．

飛行場警報と飛行場気象情報は，わたしたちがふだん天気予報で耳にする

[*3] 大雨，大雪に関する警報の発表基準は，その空港を含む地域ごとの特性を考慮して定められています．したがって，具体的な基準は空港によって異なります．

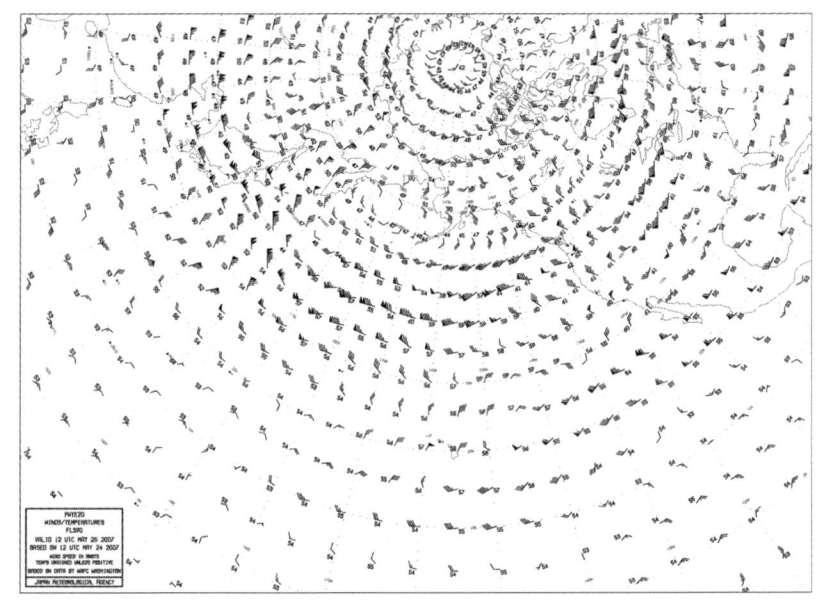

図10　風・気温予想図（気象庁提供：WAFC から入手したデータを元に作成）

警報や注意報（専門的には一般の利用に適合する予報・警報という）に相当する空港を中心とした半径 9 km に限定された飛行機運航のための警報や注意報ということになります．

空域予報

出発空港と到着空港の予報や警報などのほかに，飛行ルート上の天気予報も必要になります．特に長距離を飛行する国際線の場合，風の強さによって飛行時間が大きく左右されますので，搭載する燃料の量も変わってきてしまいます．そのため，飛行ルート上の高度ごとの風や気温などの情報が「風・気温予想図」として発表されています（図10参照）．世界空域予報組織（WAFS）の世界中枢であるワシントン（アメリカ）とロンドン（イギリス）の2ヶ所によって，世界中をカバーする空域予報が1日に2回発表されます．

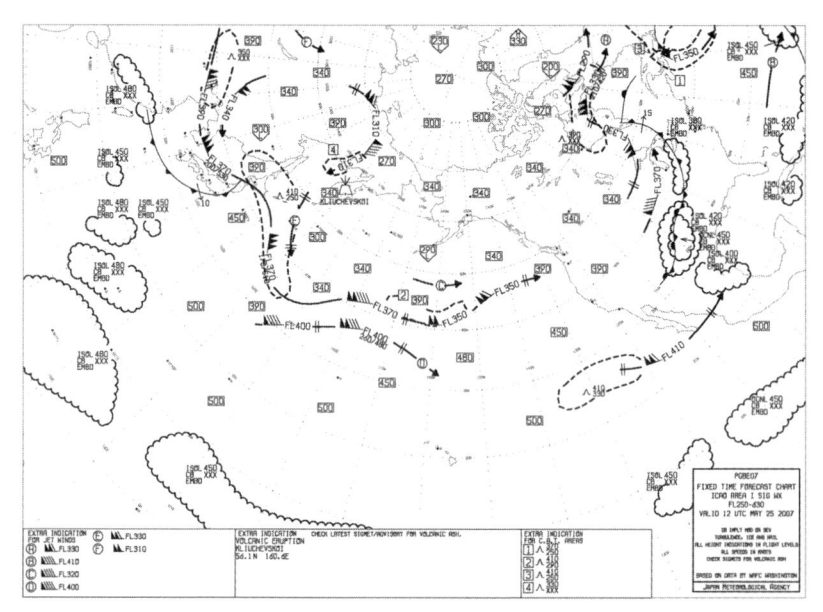

図 11 悪天予想図（気象庁提供：WAFC から入手したデータを元に作成）

悪天に対しての予報

　WAFS あるいは各国の気象機関は，飛行機の運航に危険を与えるおそれのある気象現象である「悪天」（雷電，台風，スコールライン，乱気流，着氷，ひょう，砂塵あらし，山岳波，火山の噴火など）を予想する「悪天予想図」を 1 日に 2 回から 4 回決められた時刻に発表しています（図 11 参照）．また，各国の気象機関は「悪天」などの重大な現象が観測されたり予想されたりしたときに，随時「シグメット（SIGMET：significant meteorological information)」とよばれる情報を発表して注意を呼びかけています．

　シグメットの例

　RJJJ FUKUOKA FIR MOD TO SEV TURB FCST IN AREA BOUNDED BY N35E134 N38E140 N40E140 N37E134 AND N35E134 FL310/360 MOV ENE 15KT INTSF.

　（解読例）福岡飛行情報区内，北緯 35 度東経 134 度，北緯 38 度東経 140 度，北緯 40 度東経 140 度，北緯 37 度東経 134 度および北緯 35 度東経 134

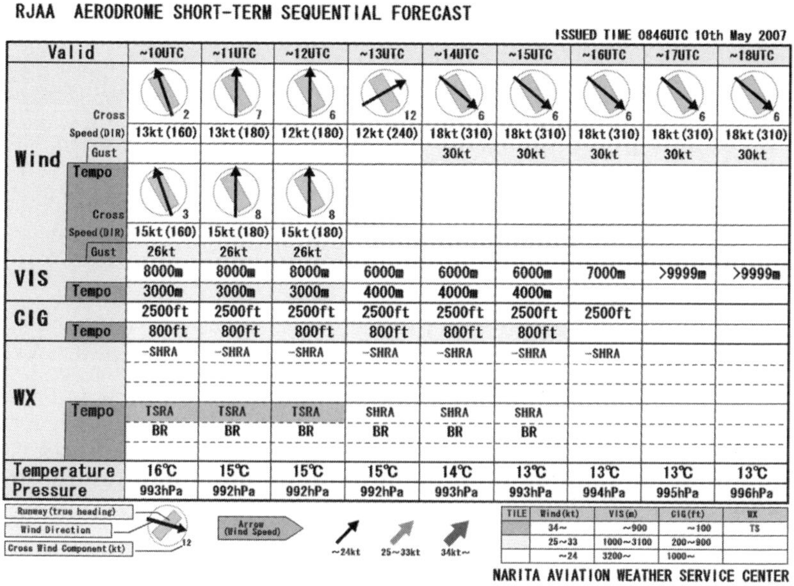
RJAA AERODROME SHORT-TERM SEQUENTIAL FORECAST

ISSUED TIME 0846UTC 10th May 2007

Valid		~10UTC	~11UTC	~12UTC	~13UTC	~14UTC	~15UTC	~16UTC	~17UTC	~18UTC
Wind	Cross	2	7	6	12	6	6	6	6	6
	Speed(DIR)	13kt(160)	13kt(180)	12kt(180)	12kt(240)	18kt(310)	18kt(310)	18kt(310)	18kt(310)	18kt(310)
	Gust					30kt	30kt	30kt	30kt	30kt
	Tempo Cross	3	8	8						
	Tempo Speed(DIR)	15kt(160)	15kt(180)	15kt(180)						
	Tempo Gust	26kt	26kt	26kt						
VIS		8000m	8000m	8000m	6000m	6000m	6000m	7000m	>9999m	>9999m
	Tempo	3000m	3000m	3000m	4000m	4000m	4000m			
CIG		2500ft	2500ft	2500ft	2500ft	2500ft	2500ft	2500ft		
	Tempo	800ft	800ft	800ft	800ft	800ft	800ft			
WX		-SHRA	-SHRA	-SHRA	-SHRA	-SHRA	-SHRA	-SHRA		
	Tempo	TSRA	TSRA	TSRA	SHRA	SHRA	SHRA			
		BR	BR	BR	BR	BR	BR			
Temperature		16℃	15℃	15℃	15℃	14℃	13℃	13℃	13℃	13℃
Pressure		993hPa	992hPa	992hPa	992hPa	993hPa	993hPa	994hPa	995hPa	996hPa

TILE	Wind(kt)	VIS(m)	CIG(ft)	WX
	34~	~900	~100	TS
	25~33	1000~3100	200~900	
	~24	3200~	1000~	

NARITA AVIATION WEATHER SERVICE CENTER

飛行場予報の内容を時系列に並べわかりやすい表形式にしたものである．風向きが急激に変化することが一目でわかる．

図 12　飛行場時系列予報（気象庁提供）

度で囲まれるエリアの高度 31000～36000 フィートに，並から強の強度の乱気流が予想されている．乱気流域は 15 ノットで東北東に移動中で，強くなる傾向にある．

日本国内向けの詳細な航空気象予報

これまでに説明したさまざまな予報は，国際民間航空機関（ICAO）によって定められた標準にもとづいて作成，配信されていますが，これらに加えて気象庁は航空気象解説報，飛行場時系列予報（図 12 参照），国内悪天解析図・実況図など，日本国内向けのより詳細な情報も提供しています．

目的地や飛行ルート上に予想される天気についての機長のアナウンスは，このような予報にもとづいておこなわれています．

2-03 空にも道がある

　飛行機は大空を自由に飛んでいるように思えますが，実は「航空路（エアウェイ）[*1]」とよばれる空の道の上を飛んでいます．航空路は，国際民間航空機関（ICAO：International Civil Aviation Organization）の基準にもとづき，その空域の航空交通業務を担当する国（日本の場合は国土交通大臣）によって定められています．航空路は網の目のように張りめぐらされていますが，各航空会社はどの航空路を通って目的地まで飛行していくかをフライトごとに選択することができるようになっています．たとえば東京−シンガポール間には代表的なものだけで3本の航空路が設定されていますが，各航空会社はその日の気象状況などをもとに安全快適でまた経済的な航空路を選択し飛行ルートとしています．したがって，同じシンガポール行きでも航空会社によって，あるいはフライトによってちがうルートで飛んでいくことはめずらしいことではありません．この飛行ルートの決定において重要な鍵を握っているのが"風"なのです．

風の影響

　川を上流に向かっていく船のスピードがなかなか上がらず，逆に下流に向かっていく船はスピードが出やすいのと同じように，飛行機も風の流れによって飛行スピードが大きく変化します．特にジェット気流は360 km/時におよぶこともあるので，できるだけ向かい風は避けて追い風に乗ることができるようなルートを選び，飛行時間を短縮するようにしています[*2]．

　[*1] 航空路は立体的な空間に設定されているので，高い高度には「国際線用の航空路」が，また低い高度には「国内線用の航空路」が通っています．交通量の多いところには"一方通行"の航空路だってあります．
　[*2] このこととは反対に，離着陸のときには向かい風を選びます．

偏西風とジェット気流

　中緯度地帯の上空には「偏西風」とよばれる強い西寄りの風が吹いています．偏西風は地球を取り巻くように西から東にめぐる大きな大気の流れで，緯度およそ 30～60 度のあいだに見られます．

　偏西風は，地表から上空にいくにつれてしだいに強くなりますが，対流圏の上部から成層圏の下部（高度 9～14 km 程度）で最大となります．このもっとも強くなった偏西風を「ジェット気流」とよんでいます．ジェット気流の位置や強さは季節によってことなり，冬期は低緯度まで南下してもっとも強く，夏期は高緯度まで北上して弱まり，場合によっては消滅してしまうこともあります．

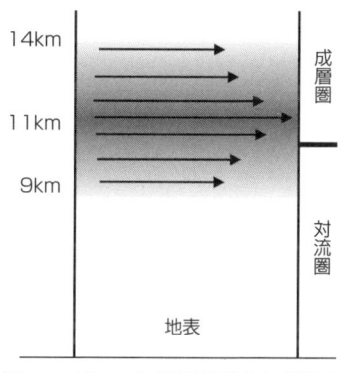

図 13　ジェット気流の強さと高度の関係

ジェット気流の発見

　偏西風の存在は早くから知られていましたが，ジェット気流は第 2 次世界大戦末期の 1945 年に発見されました．アメリカの B29 爆撃機がサイパンから日本の空襲に向かったときに，日本上空の強い偏西風によって東に流され悩まされたことがジェット気流発見のきっかけとなったそうです．

ジェット気流の大きさと速さ

　一般にジェット気流は，長さが数千 km，幅が数百 km，厚さが数 km の広がりがあり，気流が強いときには 360 km/時（100 m/秒）を超えることもあります．ジェット気流の速度は中心付近がもっとも速く，同心円状に外側にいくにつれて遅くなります（図 14 参照）．

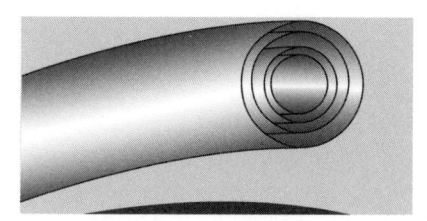

『学研の図鑑　天気・気象』をもとに作成

図 14　ジェット気流の模式図

ミニマム・タイム・トラック（MTT）

地球上の2地点間を結ぶ最短ルートは，地球儀の上でその2地点を直線で結んだもので「大圏コース」といいます．これに対して実際の飛行ルートは，フライト当日の気象状況や風を十分考慮したうえで，もっとも飛行時間が短く効率的なルートを選択します．これを「ミニマム・タイム・トラック（MTT）」とよびます[*3]．

図15　東京―ニューヨークの大圏コース

季節によって多少の差はありますが，日本付近の上空にはジェット気流が流れていて，その影響を避けることはできません．特に日本とアメリカ，ハワイを結ぶ太平洋路線はジェット気流の影響が大きく，航空路自体が毎日設定しなおされます．日本からアメリカ，ハワイに向かうルートは福岡にある航空交通管理センター（ATMC：Air Traffic Management Center）によって，アメリカ，ハワイから日本に向かうルートはオークランドにあるARTCC（Air Route Traffic Control Center：航空路交通管制センター）によって，毎日新

> きょうはこっちのほうが追い風が強いんだ！

成田

◎ハワイ

サンフランシスコ

*3　ニューヨークから成田に向かうフライトが日本海から新潟を経て成田に飛ぶことがあります．方角的に少し不思議な感じがしますが，それがその日のミニマム・タイム・トラックなのです．地球儀のうえでニューヨークと成田を指でおさえてながめてみれば納得できることでしょう．

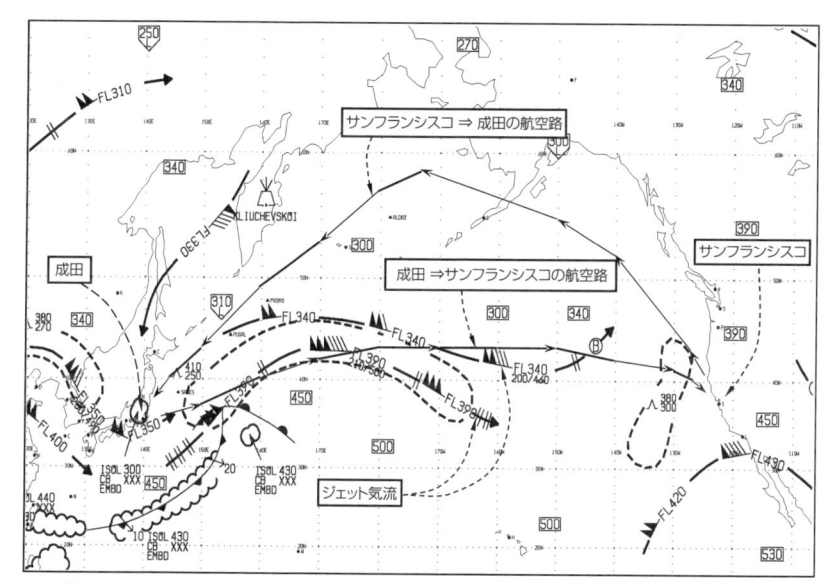

成田からサンフランシスコに向かう航空路（東行き）はジェット気流に沿うようになっていることがよくわかる

図16　ジェット気流と航空路の関係〔(気象庁提供：WAFCから入手したデータを元に作成）に加筆〕

たに選定され発表されているのです．だから，たとえば東京からサンフランシスコへ向かうフライトの場合，前回はハワイの少し北側の太平洋上を通ったけれども，今回はアラスカ付近を飛んでいるということになるのです．また同じ日であっても，サンフランシスコに向かう東行きはジェット気流に沿うように，東京に向かう西行きはジェット気流を避けるように飛ぶので，同じ路線の上りと下りが何千kmも離れていることもめずらしくありません（図16参照）．

ジェット気流は風なので，空を見上げてもわたしたちの目で見ることはできません．しかし，図16からもわかるように航空用の天気図にはジェット気流が太線ではっきりと表示されています．

ジェット気流の影響で飛行時間が大きく変わる!?

国際線の時刻表をよく見てみると，東京からホノルルまでの所要時間は6

時間 50 分ですが，ホノルルから東京までの所要時間は 8 時間 45 分で，その差はなんと 1 時間 55 分もあります（冬期スケジュールの場合）．これは，ジェット気流の影響によるものです．ジェット気流は，地理的に日本からサンフランシスコあたりを結ぶくらいの位置となる中緯度（30〜50 度）の上空にみられる強い西寄りの風[*4]なので，東に向かって飛ぶときは追い風となるので所要時間が短くなり，反対に西に向かって飛ぶときは向かい風となり所要時間は長くなります．

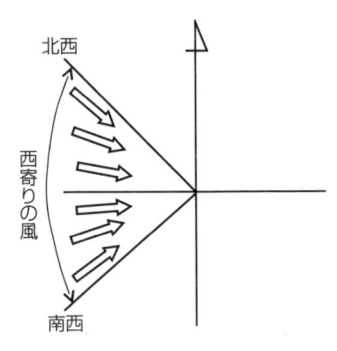

図 17　西よりの風のイメージ

冬期のホノルル線は特に時間差が大きい

特に冬の期間はジェット気流が太平洋のほぼ真ん中を西から東に貫いていることが多くなります．ジェット気流の風速は 360 km/時（秒速に換算すると 100 m）になることもあるので，ホノルル線はその影響をもろに受けてしまいます．ジェット気流が一番強いときの飛行時間は，東京からホノルルが 6 時間弱，ホノルルから東京が 9 時間強となり，帰りの飛行時間は約 50％増になってしまいます．

ニューヨーク線はもっと時間差が大きくなる？

東京とホノルルの間で所要時間にそれだけの差ができるのならば，ニューヨーク線ではもっと差がでてしまうのでしょうか？　もう一度時刻表を見てみると，東京からニューヨークまでが 12 時間 15 分でニューヨークから東京までが 14 時間 10 分となっています．所要時間の差は 1 時間 55 分でホノルル線と同じですが，割合にすると帰りの所要時間は約 16％増でホノルル線ほどの大きな差にはなっていません．ニューヨーク線の場合，行きはジェッ

[*4] 「西寄りの風」のような表現は，一般によく使われていますが，天気予報では西寄りの風という場合は，風向きが西を中心に南西から北西の範囲でばらついている風のことを意味します．また，「〜寄りの風」という場合は東西南北の 4 方位を中心とするときのみに使われます（「南東よりの風」のような使い方はしません）．

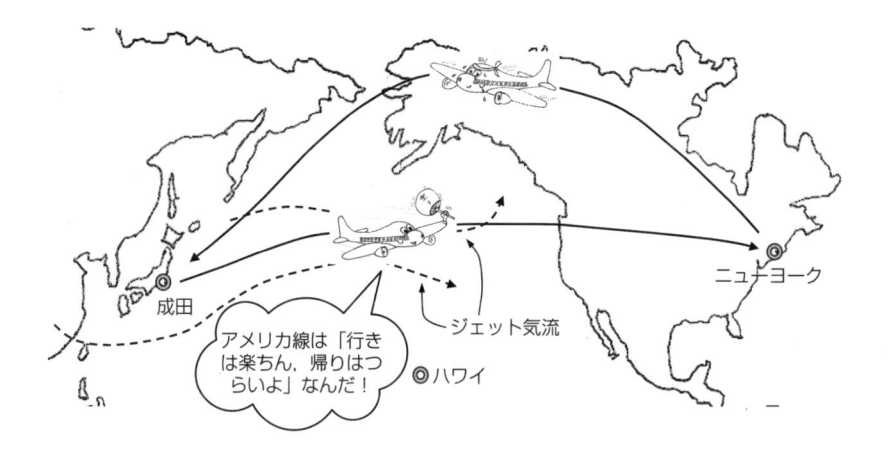

ト気流の流れに沿って太平洋のほぼ真ん中を横断して飛行しますが，帰りは向かい風となるジェット気流をできるだけ避けるためにアラスカや北極上空経由で飛行してきます．

このようなくふうにより帰りの所要時間があまり長くならないようにしています．ホノルル線の帰りの飛行ルートはジェット気流の影響を避けることがむずかしいために，どうしても長時間飛行になってしまうのです．

コラム　2006年2月アメリカの空はジェット気流で大混乱

　2006年2月中旬，アメリカでは10年から20年に一度の強いジェット気流が10日間ほど続いたために，空のダイヤが大幅に乱れました．例年冬期のアメリカ上空のジェット気流は40～56 m/秒で吹いているのに対して，この年の2月の平均風速は77 m/秒を超えるものとなってしまいました．

　米国海洋大気局（National Oceanic and Atmospheric Administration : NOAA）によると，「通常南北2本に分かれて流れているジェット気流が1本に合流したためにこのような強い風を伴うものになった」と説明されました．

　特に大きな影響を受けたのは，東海岸から西海岸へ向かう大陸横断便です．予想外の強い向かい風により飛行時間が長くなり，軒並み45分程度の到着遅れが発生しました．さらに悪いことには，給油のための予定外のダイバージョン（目的地外着陸）が続出し，2時間を超える到着遅れもめずらしくありませんでした．

　これらの到着遅れは各航空会社の機材繰りにも大きな影響を与え，ひとつの遅れが新たな遅れを生み出す玉突き状態となってしまい，大きく混乱してしまったのです．

2-04 「天候調査中」で搭乗手続きが一時中止？

航空会社の方針がまだ決まっていない状態

空港の出発ロビーの電光掲示板に，「雪のため13：20の天候調査」とか「搭乗手続き一時中止」と表示されていることがあります．このようなメッセージは，主に国内線や近距離国際線で[*1]目的地の天候が荒れ模様であるときや，あるいは今後天候が悪くなると予想されるときに表示されます．天候調査中といっても，目的地の空港の職員が実際に天候の調査を行っているわけではありません．到着予定時刻に着陸できるような気象状況（専門的には「最低気象条件」といいます）であるかどうかの新しい予報を待っているなど，そのフライトに対しての航空会社としての方針がまだ決まっていないということなのです．

何のために搭乗手続きを見合わせるのか

悪天候時の運航の方針は，大きく分けて「欠航」「遅延」「条件付き運航」，そして「通常運航」の4種類になります．欠航はフライト自体が取り止めになってしまうことなので，その便を予定していた乗客は何か別の方法を考えなければならなくなります．遅延の場合は，どの程度遅れるかによって影響の大きさが変わってきますが，特に国際線では翌日まで出発が遅れることも

[*1] 国内線や近距離国際線の場合，到着予定時刻は出発から2〜3時間以内のことがほとんどなので，航空会社は出発前にできるかぎり多くの最新情報を集め，着陸できない確率がかなり高いと予想されるときにはフライトを「欠航」にすることもあります．これに対して，長距離国際線の場合は十数時間後の天気を正確に見極めることはむずかしいので，飛行計画に代替空港[*2]を設定し，もしものときに代替空港に向かう分の燃料を給油したうえで出発することが多くなります．

[*2] 代替空港：目的地の気象状況の悪化や滑走路の閉鎖により着陸できないときに代わりに着陸する空港のことです．代替空港は出発前に決められ，飛行計画に明示されます．

2005年12月22日の羽田空港の出発表示です．この日，上空に非常に強い寒気が流れ込んだため，各地で記録的な大雪や暴風，雷などの大荒れの天気となりました．中部国際空港では，大雪のために滑走路が9時間近くも閉鎖されてしまいました．

写真4　出発ロビーの電光掲示板

あります．また，条件付き運航とは，とりあえず予定通りに出発しますが（もちろん天候調査待ちで遅れて出発することもある），目的地の天候によっては「出発地に引き返すことがある」や「他空港（代替空港）に向かうことがある」などという条件付きで出発することです．

したがって，航空会社は天候不順により通常運航以外が想定されるときには，とりあえず搭乗手続きを見合わせて，方針が決まってから一人一人の乗客に状況を説明し，意向を聞きながら搭乗手続きを進めていくようにしています．

このように「搭乗手続き一時中止」は，乗客にかかる迷惑や混乱を最小限に抑えるためのくふうなのです．「出発できなくなるかもしれない」と不安になるのはもちろんですが，先を急いでいる場合にはイライラすることもあるでしょう．しかし，このような状況のときには航空会社の判断を待つしかありません．

2-05
運航の可否を決めるのはだれ？

地上の責任者"運航管理者"と機上の責任者"機長"

悪天候が原因となる欠航のほとんどは，運航管理者[*1]と機長が出発前に行うブリーフィング（打ち合わせ）[*2]で決定されます．運航管理者は各フライトの出発に先立って，出発地，到着地そして飛行ルート上の天気などをきめ細やかに調査・検討して，安全で快適なフライトができるような飛行計画（フライト・プラン）を作成します．機長はフライト出発の約1時間前に，運航管理者が作成した飛行計画と気象情報を確認し，また運航管理者から必要な説明を受けます．機長と運航管理者の双方が，気象状況を含むすべての安全性について合意し，署名したときにはじめてフライトは出発できるのです[*3]．したがって，悪天候のときの運航ができるかど

[*1] 運航管理者（ディスパッチャー）：運航管理者は，安全で快適なフライトのために地上から機長を援助する専門家で，航空会社の母国の国家資格と社内資格の双方を持っていなければなりません．すべてのフライトの出発に先立って，運航管理者は天候や使用する機体の整備状況など運航に必要なすべての情報を集め，飛行計画を作成します．飛行中も機長と密接に連絡をとり，必要に応じて飛行ルートの変更を提案するなど，目的地に到着するまで機長の援助をします．国際線を運航している航空会社の場合，24時間365日世界のどこかを飛行機が飛んでいることになります．したがって，運航管理者は24時間態勢のシフト勤務で業務をおこなっており，飛行中の飛行機は必ずつぎのシフト担当者に引き継がれます．大きな航空会社では100名を超す運航管理者が同時にはたらいています．

[*2] ブリーフィングは，すべてのフライトごとに必ず行われます．「きょうの福岡の天候はまったく問題がないので，ブリーフィングはなしにしよう」などということは，決してありません．

[*3] 航空運送事業をおこなう航空会社の航空機は，航空法により「機長と運航管理者が合意しないと運航できない」と規定されています．

うかの鍵を握っているのは，機長と運航管理者の両者ということになります．

シミュレーション

成田から台北へ向かうフライト出発（定刻18時）の約3時間前，台北の天候は"霧"で見通しがあまりよくない状況でした．霧はだんだん深くなり，到着予定時刻22時前後には着陸できるギリギリの視程になると予報されていました．しかし，フライトの出発まではまだ3時間あり，その日の台北までの所要時間は約4時間です．したがって，台北到着予定時刻となる7時間後の天気は，予報よりもよくなるかもしれませんし，また悪くなるかもしれません．

運航管理者は，「台北に到着できる可能性は高いが，もしものときに備えるべきである」と判断しました．そこで，「最悪の場合には，他空港に着陸し天候の回復を待つ，あるいは成田に引き返すこともある」という条件付きで搭乗手続きが行われました．

運航管理者はより多くの情報集め，以下の条件をつけた飛行計画を作成しました．

・成田から台北の中間点で，「台北の霧がかなり深く，しばらく晴れる見込みがない」と予想された場合は，成田に引き返す．また中間点で，台北に到着できる可能性があると予想できれば，そのまま台北に向かう．

・台北上空到着時に，霧が深く視程が足りない場合は，最大1時間空中で旋回しながら待機（ホールディング）して霧が晴れるのを待ち，それでもだめな場合は関西空港に引き返す．

ここで，中間点を境目にして引き返す先が成田か関西かに変わるのは，燃料の搭載量に関係しています．飛行機は，いくつかの理由から必要な量の燃料しか積んでいません．これらの条件の考え方は，台北の霧の様子がかなり悪く成田に戻った場合にはすでに22時前後になっているはずなので，当日の出発はあきらめ，翌朝出発あるいは欠航にすることになります．また，関西に戻るときには関西で台北の霧が晴れるのを待ち，再出発を目指すことになります[*4]（成田空港は23時〜6時の間の離着陸は原則禁止となっていますが，関西空港は24時間離着陸が可能です）．

出発1時間前のブリーフィングで，機長は一通りの説明を運航管理者から受け，これらの条件について基本的に賛成しました．しかし機長は，「台北上空で待機しても霧が晴れない場合に，成田にも戻ってこられる燃料を搭載して欲しい」とリクエストしました．結局，より多くの燃料を積むために燃費は悪くなりますが，天候が回復しないときの選択肢が広がるので，機長・運航管理者ともに合意して燃料を追加して出発しました．

　このフライトが成田を離陸して約1時間後に，台北では予想されていなかったやや強めの風が吹きはじめました．霧は風によって吹き飛ばされてしまうので，このフライトは順調に飛行を続け，好視界のもと定刻に台北に到着しました．

---

*4　この場合の関西や成田など，目的地の空港に着陸できなくなったときに向かう空港は「代替空港」とよばれ，飛行計画に明示されます．台北の代替空港は高雄，香港あるいは那覇など台北に比較的近い大きな空港がふだんは選ばれています．しかし，このケースでは"霧"という具体的な悪条件が想定されていて，代替空港に向かう可能性がいつもよりも高いので，さまざまなことが考慮されなければいけません．この航空会社の場合，高雄や那覇には定期便が運航していません．したがって，とりあえず着陸した後に機体整備などの想定外の問題が発生して，その日中の出発ができなくなってしまった場合には，その航空会社の地上職員がいないので乗客のハンドリングに大きな支障をきたすことになります．香港に着陸した場合はその航空会社の地上職員がいますので，乗客のハンドリングにかかわる問題はありません．しかし，台北（台湾）行きのフライトが香港（中国）に着陸後，何らかの問題が発生して出発できなくなった場合，乗客のパスポート（国籍）によっては入国できなくなる可能性があります．このように代替空港の選定にあたっては，国際関係までも含むさまざまなことが考慮されているのです．

2-06 パイロットはどれくらいの気象情報を持っているの？

　パイロットはそれぞれのフライトが出発するときには必ず，出発地空港の気象情報だけでなく，目的地空港，代替空港，さらには飛行ルート上を含め，そのフライトに必要なすべての気象情報を持っています．したがって，飛行中天候に大きな変化がなければ，それらの情報だけで目的地に到着することができるようになっています．パイロットが出発時に持つ気象情報の内訳を図 18 に示します．なお，飛行場関連の情報については，出発地空港，目的地空港，代替空港だけにとどまらず，万が一に備えて目的地空港周辺の多くの空港の情報についても持ち合わせています．

飛行場実況（METAR）

　空港の現在の気象状況を示すもので，風，視程（どれくらい先まで見渡せるか），現在の天気，雲の状態，気温，気圧などが含まれています．

```
パイロットが持つ気象情報 ─┬─ 飛行場関連 ─┬─ 飛行場実況(METAR)
                        │              ├─ 飛行場予報(TAF)
                        │              └─ 飛行場警報
                        │
                        └─ 空域関連 ─┬─ 風・気温予想図
                                    ├─ 悪天予想図
                                    ├─ シグメット情報(SIGMET)
                                    ├─ 航空路予報
                                    └─ 航空路火山灰情報
```

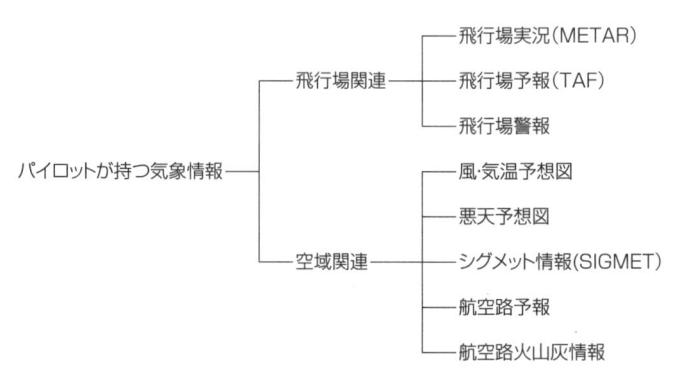

図 18　パイロットが持つ気象情報

METAR の例
RJTT 290730Z 05013KT 2700 -RA BR FEW005 SCT008 BKN020 19/17 Q0999 RMK 1ST005 3ST008 7NS020 A2951 P/FR=
(解読例) 東京国際空港では 29 日 16：30 現在．13 ノットの北東風が吹き，視程は 2700 m である．天気は弱い雨ともやが観測されている．上空は高さ 150 m の雲量 1/8 の層雲，240 m の雲量 3/8 の層雲，さらに 600 m のほぼ全天を覆うくらいの乱層雲に包まれている．気温は 19℃，露天温度は 17℃，また気圧は 999 hPa（2951 インチ）である．なお，気圧が急激に降下中である（時刻は日本標準時に換算済み）．

飛行場予報（TAF）

空港の気象状況を 1 時間単位で 27 時間（あるいは 24 時間）先まできめ細かに予想したもので，風，視程，天気，雲の状態などが含まれています．

TAF の例
RJCC 180300Z 181206 040006KT 9999 FEW010 SCT045 BKN280 TEMPO 1418 4800-DZ BR FEW005 BKN008 BKN012 BECMG 0305 25010KT=
(解読例) 新千歳空港 18 日 12：00 発表の有効時刻 18 日 21：00 から 19 日 15：00 までの予報によると，風は北東の風 6 ノット，視程は 10 km 以上と予想され，上空は高さ 300 m のわずかな雲，1350 m の少量の雲，また 8400 m のほぼ全天を覆う雲に包まれる見込み．なお，18 日 23：00 から 19 日 3：00 にかけて弱い霧雨ともやがときどきであるが予想され，視程は 4800 m となる見込み．また，上空は高さ 150 m のわずかな雲，240 m の少量の雲，また 360 m のほぼ全天を覆う雲に包まれる見込みである．19 日 12：00 から 14：00 にかけて天候は回復し，風が西北西の風 10 ノットに変わると予想される（時刻はすべて日本標準時に換算済み）．

飛行場警報

強風，暴風，台風，大雨，大雪，高潮により，航空機の運航や空港内の施設に重大な悪影響が予想されるときに発表されます．

飛行場警報の例（飛行場警報は和文と英文の双方で発表される）

①　飛行場強風警報

06日9時10分UTCから06日13時00分UTCにかけて北の風が，最大35ノットの見込みです．60ノットのガストを伴う見込みです．

NORTH-LY STRONG WIND MAX 35KT WITH GUSTS 60KT EXP 060910/061300UTC

（日本時間で6日18時10分から22時00分，35ノット≒18 m/秒，60ノット≒30 m/秒）

②　飛行場大雪警報

21日11時45分UTCから21日15時00分UTCにかけて24時間降雪量10センチが予想されます．

DEPTH OF SNOWFALL 10CM /24HR EXP 211145/211500UTC

（日本時間で21日20時45分から24時00分）

風・気温予想図

地球全体（気象の世界では全球という）の上空の風向・風速，気温を予想するもので，主に飛行時間の計算（＝必要な燃料の計算）など，効率的な飛行計画の作成に用いられます（例については2-02参照）．

悪天予想図

地図上に乱気流，積乱雲域，ジェット気流，台風，地上前線などの予想が表示されたもので，飛行機の安全で快適な運航のために利用されます（例については2-02参照）．

シグメット情報（SIGMET）

強い乱気流，活発な雷雲，台風，山岳波などの悪天が観測または予想されたときに発表されるものです．悪天域を避けて飛ぶことにより安全性と快適性を維持するために用いられます（例については2-02参照）．

航空路予報

特定の航空路上の風，気温，乱気流，積乱雲などについて予想したもので

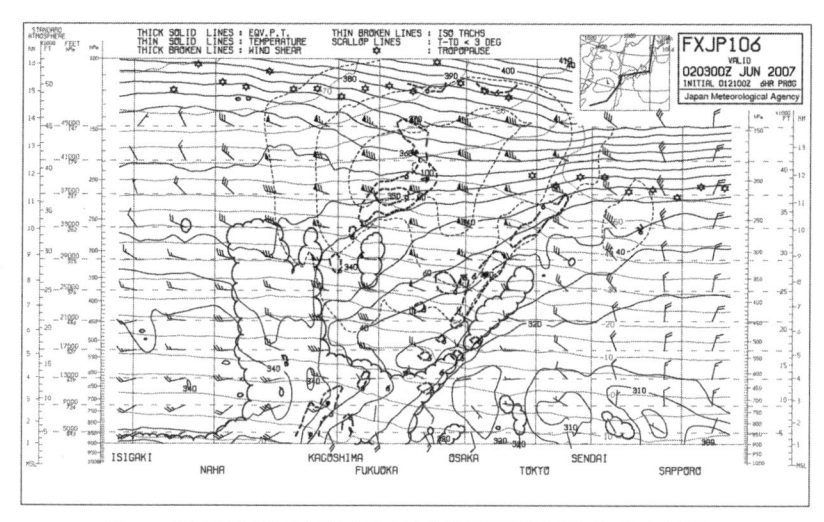

パイロットはどれくらいの気象情報を持っているの？ | 39

図 19　航空路予報の実例（国内航空路予想断面図）（気象庁提供）

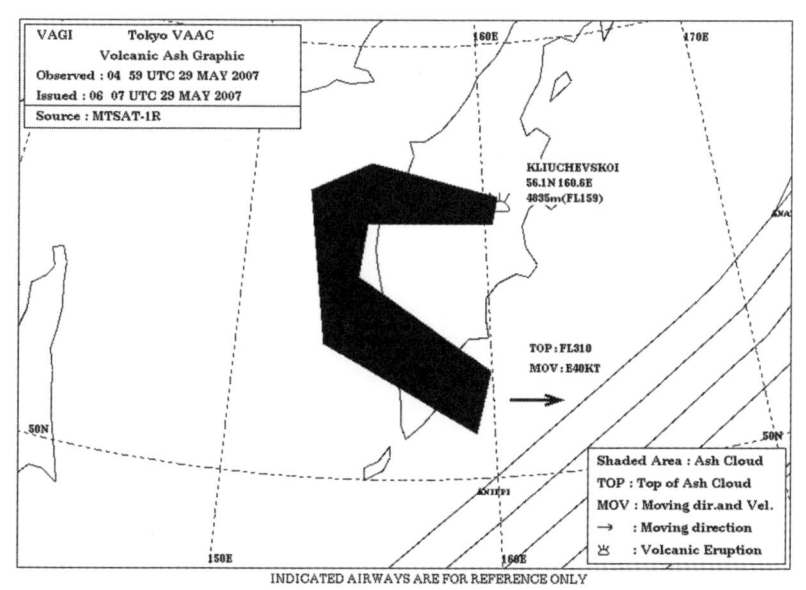

黒くなった部分が火山灰の拡散域である．火山灰がまず西向きに流されたのち南に向きを変え，さらには南東方向に流されていることがよくわかる．

図 20　航空路火山灰情報の実例（火山灰拡散実況図）（気象庁提供）

す．主に国内線や近距離の国際線のような同じルートを頻繁に飛行するフライトのために，風・気温予想図，悪天予想図，シグメット情報などの情報を集約して表示しています（図19参照）．

航空路火山灰情報

火山の噴火により空中を浮遊している火山灰の高度が海抜5000 m以上である場合など，飛行中の飛行機に影響を与えると予想される場合に発表されます．火山の位置，噴火の状況，火山灰の状況と拡散予想などが含まれています（図20参照）．

2-07 ナウキャストとはどういうこと？

「ナウキャスト（nowcast）」は，Now（今，現在）と Forecast（予報）をつなげた言葉で，1時間先くらいまでのごく短い時間の予報のことです．さらに，航空気象の分野では"気象状況の監視と通報"という意味でも用いられ，安全で快適なフライトのためには欠かせないたいへん重要なものになっています．

パイロットはフライトの運航をはじめる前に，出発地や到着地などの空港の気象状況（天候，視界，風など）が離着陸に適した状態であるか，さらには飛行ルート上の気象状況が安全で快適であるか（ゆれの影響など）をきめ細かに調べます．そして，運航に支障がないことを確認してから出発することになっています．

しかし，天気は気ままな生き物のようなもので，予想外の変化をすることもめずらしくありません．パイロットは天候の急変が予想できたり出会ってしまったりしたときにはより多くの情報を集めて，飛行ルートや高度の変更などによりその状況をできるだけ早く避けるように努めています．決して悪い天気と戦おうとはしません．雨が降ってきたら急いで干してある洗濯物を取り込むことに似ていますね．

気象現象のスケールと天気予報の可能性

ひとくちに気象現象といってもいろいろなスケールの現象があります．一般的に，スケールの大きな気象現象は寿命が長くなります．例えば，低気圧の平均的なスケールは範囲 2000 km で寿命が約1週間であるのに対して，竜巻の直径は 100〜600 m 程度で寿命は数分間です．天気予報では，予想する現象のスケールが小さくなるにつれて具体的な予想がむずかしくなり，特

に場所や時間についてはだんだんおおまかになります．

　「現象のスケール」などといわれてもイメージしづらいかと思いますので，具体的に説明してみましょう．低気圧の場合には，「千葉県北西部では低気圧の通過に伴い，きょう一日雨が降るでしょう」のように，場所が千葉県北西部（全体）で時間がきょう一日（中）と明確に示されて予想されています．しかし，より小さなスケールの雷雨の場合には，「関東地方では，きょうの昼過ぎから夕方にかけて雷雨の恐れがあります」のようになり，関東地方のどこかで昼過ぎから夕方にかけてのいつかに雷雨の可能性を示す予想になってしまいます（専門的には，「ポテンシャル予報」といいます）．つまり，現象のスケールが小さければ小さいほど，ごく近い将来のことしか予測できないということになります．

飛行機は空飛ぶ気象台

　飛行機には通常の気象観測機器（温度計，気圧計，風向風速計など）のほかに気象レーダーも備えています．パイロットは飛行中に安全で快適な飛行の障害となる積乱雲などがルート上にあるかどうかを監視しながら飛んでいます．もしも，積乱雲を発見したらパイロットは管制官とコーディネートして積乱雲を迂回して飛行するようにします．

ナウキャストによる悪天回避

　飛行機の運航に支障となる「悪天」のほとんどは小さなスケールの気象現象です．しかし，現在の天気予報の技術では悪天の予想はポテンシャル予報になってしまい，発生する場所と時間を正確に予測することができません．したがって，飛行中はナウキャストによってその場その場で悪天を回避することが必要になります．ナウキャストは，航空気象の分野では「短時間の予報」というよりは，「悪天そのものや悪天のきざしを監視して連絡する」というような機上と地上の共同作業の意味合いが強くなります．パイロットは飛行中に乱気流やウインドシアなどの悪い気象状況に出会ってしまったときには，管制官や運航管理者に連絡します（パイロット・リポート（Pirep））．連絡を受けた管制官や運航管理者はその周辺の空域を飛行する飛行機にその

情報を伝え注意するように呼びかけます．

　また，これから出発するフライトの機長と運航管理者はそのルートを最初から迂回する必要があるかどうかを検討します．乱気流に遭遇した先行機のパイロットと後続機のパイロット（ちがう航空会社間であっても）が，飛行中に無線で交信して情報が交換されることもあります．

　このように，飛行中に悪天に出会ってしまう前にどんなに直前であっても事前にその情報を飛行機側に伝えて，悪天域を避けて飛行するなどの対策を立てることがナウキャストの目的となります．

　通報例
　"MOD TURB OBS AT 0322Z MAMAS F350 REPORTED BY B744"
　"並の乱気流が3:22UTC（国際標準時）に MAMAS 上3万5千フィートで観測された．報告はボーイング747-400型機による．"

一般分野でのナウキャストの活用

　気象庁では集中豪雨などの発生に備えるために，2006年3月より60分先までの10分間ごとの雨量を1km四方の領域ごとに予測した「降水ナウキャスト情報」を提供しています．降水ナウキャスト情報は，予測する領域の間隔が小さくかつ10分ごとに計算されるので，従来からの「降水短時間予報」に比べて降水域の細かな分布がよく表現されています．

　降水ナウキャスト情報は，短い時間間隔で新しい予測を行うことにより雨雲の急な発達などを予測に反映しているので，外出などの前にこれから数時間のうちに外出先で雨が降るかどうかを知りたいときなど，日常生活でも便利に利用することができます．

2-08 天候で乗客数や貨物の量に制限があるってほんとう？

飛行機が離陸するときには風の向きや強さ，気温や気圧などさまざまな気象条件を考えなければなりません．その中でも気温や気圧と離陸性能（飛行機が飛び上がれるかどうか）はとても深い関係にあります．ジャンボ旅客機の最大離陸重量（飛行機の性能上離陸できる最大の重量）はおよそ400 t ですが，気温や気圧によってはもっと軽くないと飛び上がれなくなってしまいます．

離陸性能は空気の密度に大きく左右される

では，気温や気圧と離陸性能のあいだにはどのような関係があるのでしょうか？　実は，気温や気圧によって変化する「空気の密度」が離陸性能を大きく左右してしまうのです．密度なんて聞くと何かむずかしいような気がしますが，一定の容積（体積）の中にどれくらいの重さの空気が入っているかということです．つまり，空気の密度が大きければ「空気は重い」，また空気の密度が小さければ「空気は軽い」と考えればよいでしょう．

それでは，空気の密度がどのように変わると離陸性能が悪くなってしまうのでしょうか？　まず，空気の密度と飛行機の揚力は比例する関係にあるので，空気の密度が小さくなると発生する揚力は少なくなってしまいます．つぎに，ジェットエンジンは前方から吸い込んだ空気を圧縮したところに燃料を噴射し燃焼させることによって推力を生み出しているので，空気の密度が小さいとエンジンの出力は低下してしまいます．このように空気の密度が小さくなると（空気が軽くなると）飛行機の離陸性能が悪くなってしまうのです．

気温の影響

　気温が高くなると空気は膨張するので，空気の密度は小さくなります．空気の密度が小さいと揚力は減少するので，離陸するために必要なスピードはより速くなければなりません．また，空気の密度が小さいとエンジンの出力が低下するので，その離陸スピードに達するまでにより時間がかかることになってしまいます．つまり，気温が高いとより長い滑走路が必要だということになります．

　このように，気温が上がると飛行機の離陸性能はダブルパンチで悪くなってしまうのです．離陸時の気温が33℃を超えるとこの影響が特に大きくなります．たとえば成田空港から飛び立つジャンボ旅客機の場合，33℃から34℃に気温が1℃上昇しただけで離陸重量をおよそ2800 kg減らさなければならなくなります．

気圧の影響

　気圧が低くなっても空気の密度は小さくなります．したがって，気圧が低い場合にも飛行機の離陸性能は悪くなります．しかし，わたしたちがふだん天気予報で耳にする「低気圧」や「高気圧」程度の気圧の変化は，飛行機の離陸性能にとってはほんの少しの変化に過ぎませんので，低気圧によって飛行機が飛べなくなるようなことはありません．それでは，気圧の変化は無視してよいのでしょうか？　そんなことはありません．その答えは飛行場の「標高」にあります．高い山に登ると空気が薄くなり（気圧が低くなり）息苦しくなることがよく知られていますが，海抜2000 mの気圧は海面（海抜0 m）の80%程度になってしまうのです．

　このように，標高が高いところにある空港から離陸する場合には，標高が低い空港からは問題なく飛び上がれる重さであっても飛び上がれないことがよくあります．標高が高い空港としては，メキシコシティ（2240 m），デンバー（1655 m）などが有名です．たとえばジャンボ旅客機は，33℃のときに成田空港では最大離陸重量の400 tで離陸できますが，同じ気温のデンバー国際空港では330 tでしか離陸できません．標高が高くさらに気温が高いと空気の密度がより小さくなってしまうので，飛行機の離陸のパフォーマン

スとしては最悪の状況といえます．ちなみに，日本で一番標高が高い空港は長野県の松本空港で 658 m です．

空港の滑走路の長さは決まっている

それぞれの空港の滑走路長は決まっています．離陸性能の関係で滑走路の長さが足りないということになってしまった場合には，離陸重量を軽くしなければなりません．このような状況のときに，燃料を減らすわけにはいかないので，まず貨物を降ろします．貨物を降ろしてもまだ重たい場合には，乗客に降りていただくことになります．行きに乗れた団体客が帰りには乗れないというようなことがおこっても，"お土産を買いすぎた"からではないようです．

ただし，このように旅客数や貨物の量が制限を受けるのは，たくさんの燃料を搭載する長距離路線（飛行時間がおおむね 12 時間以上）に限られます．

気温が急上昇すると？

飛行機の重さを計算するときは，離陸する時間に予想される気温にもとづいて行われます．たとえば，予想気温が 33℃ でぎりぎり離陸できる重さだったとします．飛行機が滑走路に入りさあ離陸しようというときに，実際の気温が 34℃ のときにはどうなってしまうでしょうか．飛行機は飛び上がることができないかもしれないので，ゲート（駐機場）まで戻って何かしらを降ろさなければいけなくなります．通常は予想気温の多少の誤差を想定して計算しているので，このようなことがおこることはめったにありません．しかし，パイロットは気温の急上昇に備え，予想気温よりも高いときの離陸性能に関するデータ（たとえば，5℃ 高いときに離陸できる重さ）を必ず持っています．

気温や気圧によって輸送できる量がこんなにも制約を受けるのは，多くの乗り物の中でも飛行機だけではないでしょうか？

2-09 離陸や着陸の方向はどのように決められているの？

　出発の準備が整った旅客機は，ふつう搭乗口からトーイングトラクタとよばれる怪力の自動車により，後ろ向きに押し出されます．この間に1つずつエンジンが始動されていきます．誘導路上＊で一度停止して，トーイングトラクタをはずした飛行機は，エンジンから勢いよく吹き出される空気の力（推力）で滑走路に向かって走行します．滑走路に入った飛行機はエンジンの出力を上げ，どんどん加速しながら滑走していきます．そして，まず飛行機の先端部分が持ち上がり，前輪が宙に浮きます．このままの姿勢でもうしばらく加速して，やっと後輪までもが宙に浮き，大空に舞い上がっていきます．

　ちなみに，飛行機のタイヤは飛行機の重さを支えて転がっているだけで，ステアリングによる方向転換とブレーキの機能はありますが，自動車のようにタイヤを回転させて進む，「動力」としての機能はありません．

（ユナイテッド航空機，著者撮影）
写真5　トーイングトラクタ

飛行機は向かい風が好き

　飛行機が離陸する方向や滑走路へ進入・着陸する方向は，風向きによって決められます．その理由は，飛行機は向かい風のときにはより大きな揚力を得ることができるからです．

　＊　誘導路：飛行機が駐機場（搭乗口）と滑走路との間を走行するために設けられた道のこと．それぞれの誘導路には，アルファベットや数字を組み合わせた名前が付けられています．英語ではタクシーウェイ（taxiway）といいます．

離着陸のときは向かい風が好き

「着陸のときは向かい風が好きだよ」

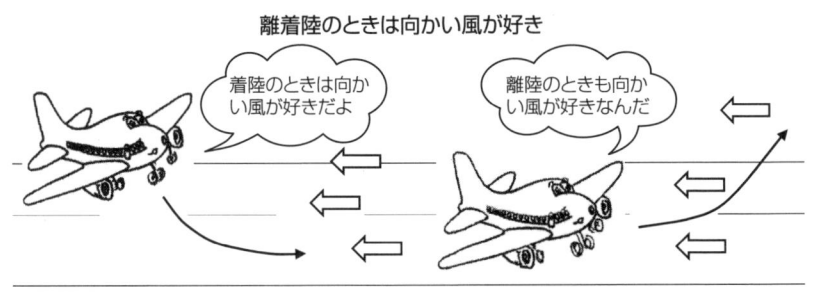

「離陸のときも向かい風が好きなんだ」

安定した着地ができるんだよ！　　　　　早く飛び上がることができるんだ！

　スキーのジャンプ競技では，向かい風のときによい記録が出るのをご存じですか？　飛行機の離陸性能は，スキーのジャンプと同じように向かい風が有利にはたらきます．飛行機が向かい風の中を滑走すれば，向かい風の分だけ早く離陸速度（対気速度）に達するので，より短い滑走距離で飛び上ることができるのです．見方を変えてみると，向かい風の強さの分だけ滑走路上を滑走する見た目の速度（対地速度）が遅くても離陸できることになります．

　では，着陸のときはどうでしょうか．着陸のときに向かい風で進入してくれば，向かい風の分だけ遅い対地速度で接地できるので，より安定した着陸と短い制動距離（ブレーキをかけてから止まるまでの距離）が可能となるのです．平たく言いかえれば，「より安全な離着陸ができる」ということです．

滑走路の使用方向を変更するのはだれ？　そしていつ？

　それでは，「風向きによってパイロットが離陸や着陸する方向をリクエストするのかな？」と思いますが，そうではありません．滑走路の使用方向は，風向きにもとづいてその空港の管制塔によって決められています．安全で円滑な航空交通管制のために，それぞれの飛行機は管制塔から指示された方向に離着陸しなければなりません．通常，離陸と着陸の方向は同じ向きに設定され，滑走路は一方通行として使われます．離陸した飛行機の正面から着陸機がやってくるようなことを避けるためです．滑走路が平行して2本ある空港の場合には，同じ方向に離着陸することはもちろんですが，片側1本の滑走路が離陸用にそして反対側もう1本の滑走路が着陸用として使われます．

　風向きが変わった場合には，滑走路の使用方向も変更しなければなりませ

ん．この判断も管制塔によってなされます．天候が穏やかなときには一日じゅう同じ方向に滑走路を使うこともありますが，前線が通過するときなどは一日に何回も変更になるときもあります．この滑走路の方向の変更は，安全運航のためにやむを得ないものですが，特に過密空港の場合には決断のタイミングがとても難しくなります．滑走路の向きが180°変わってしまうのですから，到着機がどんどん続いてくる場合にはどの飛行機から新しい滑走路の方向に誘導するか決めなければなりません．新たな方向に向かう到着機は一通り出発機がはけるまで空中で旋回しながら待機させられることが多くあります．また，出発機がゲートを出てから向かう方向も180°変わってしまいます．場合によっては，地上走行中の飛行機が滑走路の変更によりＵターンさせられることもあります．

このように，滑走路の使用方向が変わってしまうと，出発・到着機ともに遅延が発生する可能性が高くなるので，パイロットを含め航空会社の職員は風向きの変化には常に目を光らせていなければなりません．

優先滑走路

一部の空港には，「優先滑走路」という無風のときや風が弱いときには優先して使う滑走路の方向が設定されています．通常飛行機は追い風での離着陸は行いませんが，優先滑走路の場合には2〜3 m/秒くらいの追い風までは優先滑走路を使います．この優先滑走路は騒音問題，自衛隊機の訓練空域との兼ね合い，あるいはその空港の管制設備など空港独自の理由により設定されています．

滑走路の方向は飛行時間にも影響する

滑走路の方向は飛行時間にも若干影響してきます．たとえば成田空港の場合，滑走路はほぼ南北方向に伸びています．成田からヨーロッパへ向かう出発機は，まず新潟上空をめざします．南よりの風によって南方向に離陸したときは，一度九十九里浜の沖合まで飛行してからＵターンして新潟へ向かいます．北向きに離陸してまっすぐ新潟に向かうときよりもおよそ10分よけいに飛ぶことになります（図21左上参照）．また，同じく南よりの風のと

きにアジア方面から成田空港への到着機は，九十九里浜から銚子の沖合を大きく左に旋回して霞ヶ浦上空を飛行して，ようやく北方向から着陸することができます．この場合，九十九里浜からまっすぐ北向きに着陸するときに比べておよそ15分よけいに飛ぶことになります（図21左下参照）．

出発機の飛び方（代表的な例）

南寄りの風の場合　　　　　　北寄りの風の場合

到着機の飛び方（代表的な例）

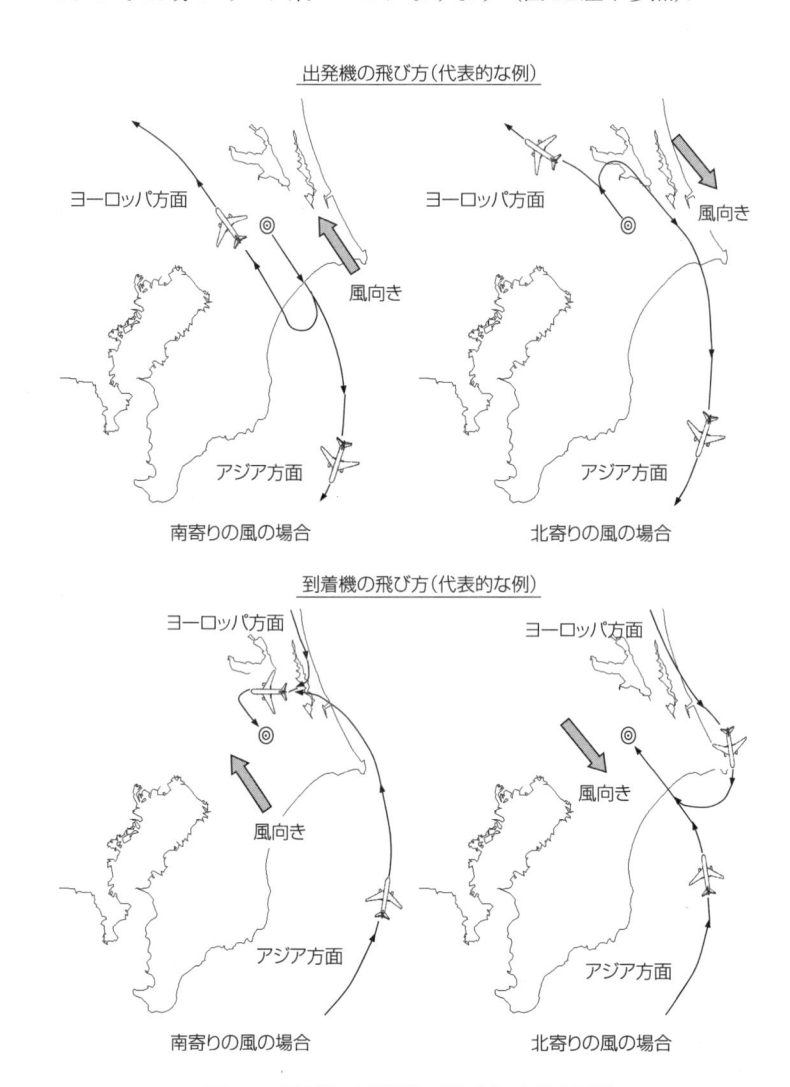

南寄りの風の場合　　　　　　北寄りの風の場合

図21　出発機・到着機の飛び方（成田空港）

このように飛行機は，風向きによって車では考えられないような大回りを毎日のようにしています．機内のスクリーンに映し出された飛行機の現在位置を見ながら「どうしてこんなほうに飛んでいっちゃうんだよ．遠回りじゃないか」と思われたあなた．その理由は「風向き」だったのです．

飛行中は追い風が好き

目的地までの飛行時間は対地速度によって計算されます．つまり，対地速度が速ければより早く目的地に着けることになります．流れるプールの流れに沿って泳ぐと速く泳ぐことができることと同じように，飛行中はうまく風を利用すること，つまりいかに追い風を多く受けて向かい風を避けることが大きなポイントとなります．より速い対地速度で飛ぶことにより，飛行時間の短縮や燃料節約が可能になります．「たかが風じゃないか」と思ったら大まちがいで，「飛行ルートを決めるうえで，もっとも重要な役割を演じるのは風である」と言っても言い過ぎではありません．

飛行中は追い風が好き

追い風

飛行中は追い風が大好きなんだ！

スピードが速くなって燃費もよくなるんだよ

2-10 離着陸時の横風の限界はどれくらい？

横風が離着陸に与える影響

飛行機が離着陸のために滑走路上を高速で走行しているときに横風を受けると，機体が風下側に流されたり機首が風の吹いてくる方向に向いたりして，滑走路から外れてしまう恐れがあります．自動車で高速道路を走行中に横風を受けると，ハンドルが取られるのとほぼ同じと考えてよいでしょう．ご想像いただけると思いますが，こんなときに滑走路面が雨や雪で滑りやすくなっていたら，スリップしてしまうかもしれません．

また，離陸直後や着陸直前など飛行機の姿勢が安定していないときに横風を受けると，機体が大きく傾いたり翼の先端が地面に触れたりして危険を伴うこともあります．

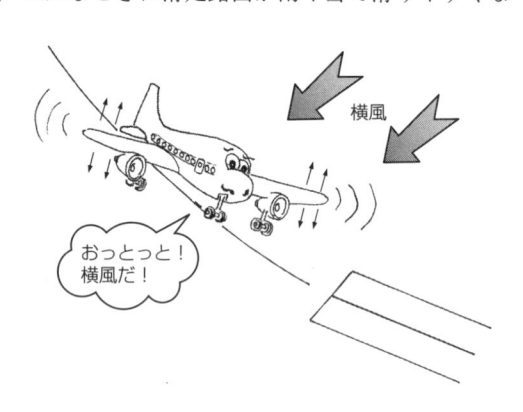

最大横風限界

このようなことを考慮して，各航空会社は安全上離着陸の際の横風の強さに限界を定めています．これを「最大横風限界」といい，最大横風限界以上では飛行機の離着陸はおこなわないことになっています．最大横風限界は，飛行機の種類や滑走路の状態で異なってきます．また，それぞれの航空会社が独自に定めるものなので，同じ機種で同じ滑走路の状態でも航空会社によって最大横風限界の値がちがうことがあります*．管制塔から離陸や着陸の

許可が得られたとしても，機長は自社の最大横風限界を超えていないかを再確認します．もしも基準を超えているときには管制塔にその旨を伝え，離陸も着陸もおこないません．

一般的な最大横風限界は，滑走路面が乾いた状態のときは 13～20 m/秒で，路面が滑りやすくなるにしたがいきびしく（小さく）なっていきます．

横風成分

最大横風限界を見てきましたが，これは滑走路に対して真横（滑走路との角度が 90°）から風が吹いているときの風速を基準にしています．つまり，滑走路の方向が南北のときに東の風が最大横風限界以上吹いていたら，飛行機の離着陸ができなくなるのです．では，風向きが北東だった場合はどうなるでしょうか．真横からではなく斜め前方から吹いてくる風なので，横風の強さは少し割り引いて考えることができます．このように，純粋な真横からの風の強さに計算し直したものを「横風成分」といいます．横風成分の計算式は，

$$横風成分 = \sin\theta \times 風速$$

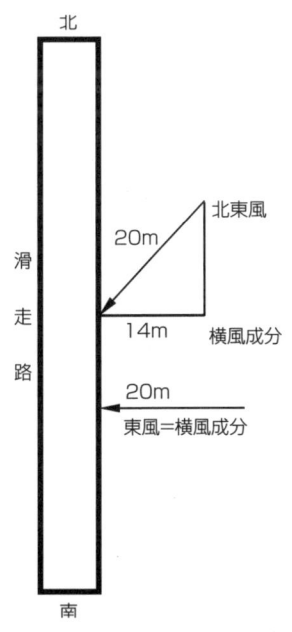

図22 横風成分のイメージ

なので，この場合，東の風 20 m/秒ならば横風成分も 20 m/秒ですが（$\theta = 90°$，完全に真横からの風なので），北東の風 20 m/秒だと横風成分は約 14 m/秒になります（$\theta = 45°$）．したがって，最大横風限界を検討するときには風の方向を考えに入れた横風成分を用いなければなりません．

* 同じ風速で同じボーイング777であっても各航空会社が機種ごとに基本的な「最大横風限界」の値を定めているので，「A航空は飛べるのにB航空は飛べない」ということが実際におこります．"飛べる""飛べない"の判断は機長にまかされています．

2-11 飛行場は風向きによってつくられているってほんとう？

滑走路の方向と卓越風の関係

どの地域でも風が吹いてくる方向にはある程度の傾向があります．年間を通じて最も回数の多い風向の風を「卓越風」といいます．新しい空港が建設されるときには，卓越風の向き（主風向）に合わせるように滑走路の方向は決められます．

風配図（ウインドローズ）

飛行場が建設される予定地では，1日8回以上（3時間ごと）の風向・風速の観測が3年以上おこなわれます．観測された風の資料にもとづいて風配図（ウインドローズ）が作成され，風配図の主風向によって滑走路を建設する方向が決められます．風配図とは，ある地点における風向ごとの出現率（あるいは出現回数）を示す円状の図で，その地点の主風向の把握に用いられます．図の形がバラの花に似ていることから，英語ではウインドローズ（Wind Rose）といいます．

成田空港の風配図を見てみよう

それでは，成田空港の滑走路と風について調べてみましょう．成田空港には図23のように北北西から南南東の方向にA滑走路（4000 m）と暫定B滑走路（2180 m）の2本の滑走路があります．

図24は，成田航空地方気象台が昭和48年（1973年）から平成14年（2002年）までの30年間の毎時データから作成した風配図です．同気象台によると，北から北北東方向からの風が最も多く，また西寄りの風が最も少

ないことになっています．さらに南南東方向からの風も多いので，全体的には北寄りと南寄りの風が多く，東寄りと西寄りの風の割合が少なくなっています．これらことから成田空港の滑走路の方向は，主風向と一致していることがわかります．

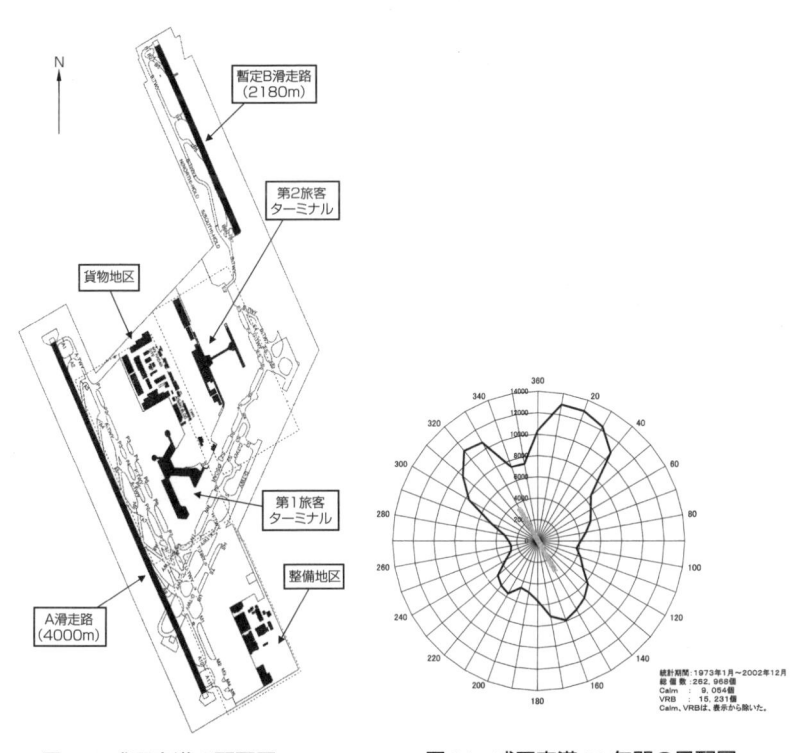

図 23　成田空港の配置図
　　　（AIP JAPAN より作成）

図 24　成田空港 30 年間の風配図
　　　（成田航空地方気象台提供）

2-12 空の上は空気が薄いって聞いたけど酸欠にならないの？

わたしたちがふだん利用しているジェット旅客機は、エベレストよりも上空の高度約1万mを飛んでいます。そこでは確かに空気は薄く、地上の5分の1およそ0.2気圧になります。こんな状態では酸素が足りなくなることはもちろんです。人間の体はこのような薄い空気（低い気圧）に耐えることはできません。そこで、飛行機には機内が快適に保たれるように気圧を調整する機能が必要となります。

与圧システム

では、機内の気圧はどのようにして調整されているのでしょうか？　エンジンで作られた高温高圧の空気（ブリードエアといいます）を一部借りてきて、機内に送り込むことによって機内の気圧は調整されています。これを「与圧」といいます。ただし、ブリードエアはとても高温ですから機外の空気（高度1万mの機外温度は約－50℃）と混ぜ合わせるなどして適温に調整してから機内へと送られます。

しかし、このままエンジンからの空気を送り続けると、機内の気圧がどんどん上がっていってしまいます。そのために、飛行機には「アウトフローバルブ」という空気を機外に逃がしてやるための調節弁がついています。このバルブの開閉により機内の気圧は一定に保たれるようになっているのです。

飛行機の中は2000mの高原の気候

ところで、実際の機内の気圧は地上と同じ1気圧ではなく、0.8気圧前後に調整されています。これは標高約2000mの気圧と同程度で、地上に比べるとかなり低くなっています。では、どうして1気圧に調整しないのでしょ

うか？　地上では機内と機外の気圧に差はありませんが，1万mの上空では機外は約0.2気圧となり，機体の中と外の気圧差は大きくなります。つまり，飛行機は圧力がまのような状態で飛んでいることになります。ほんとうは機内を1気圧に調整したいところなのですが，そのためには胴体をより頑丈に作る必要があり，飛行機自体がすごく重くなってしまいます。そこで，乗客が快適に過ごせるギリギリのところの約0.8気圧に調整されているのです。

機内は快適な気圧に調整されています

2-13 耳が痛くなることがあるのはなぜ？

飛行機の上昇中や降下中に耳が痛くなったり，耳が詰まった感じがしたりすることがあります．これは機内の気圧の変化に関係しています．離着陸時に泣いている子供の声がよく聞こえてきますが，その原因の多くは耳が痛いからです．

鼓膜の外側と内側の気圧差が原因

耳の中には「鼓膜」とよばれる音を感じ取るための薄い膜があります．鼓膜の内側を「中耳」，外側を「外耳」といい，中耳と外耳の気圧はいつも同じでなければなりません．中耳の気圧を調整するために中耳と鼻の奥のほうは「耳管」とよばれる細い管で結ばれていますが，耳管はふだん閉じています（図25参照）．

地上の気圧は1気圧ですが，飛行中の機内の気圧は約0.8気圧に調整されています．ほんとうは1気圧に調整したいのですが，そのためには胴体をより頑丈に作る必要があり飛行機自体がすごく重くなってしまうからです．

さて，飛行機が離陸して上昇していくと機内の気圧が低くなるために（$1.0 \rightarrow 0.9 \rightarrow 0.8$ 気圧），中耳の気圧は高く外耳の気圧は低くなります．ポテトチップスのようなスナック菓子を未開封のまま機内に持ち込んでみてください．上空に行くと袋の中の気圧が高くなるので風船のようにパンパンに膨れてしまいます．中耳がこれと同じような状態になるので，鼓膜が外耳のほうに押されて痛みを感じたり耳が詰まった感じがしたりするのです．耳管の働きにより中耳内の空気は少しずつ鼻に抜けていき，やがて中耳内の気圧は機内と同じになり痛みもおさまります．

着陸時に飛行機が降下していくと，逆のことがおこります．機内の気圧が

高くなっていくために（0.8→0.9→1.0気圧），中耳の気圧が低く外耳の気圧が高くなります．飛行中に中身の残りが半分あるいはそれ

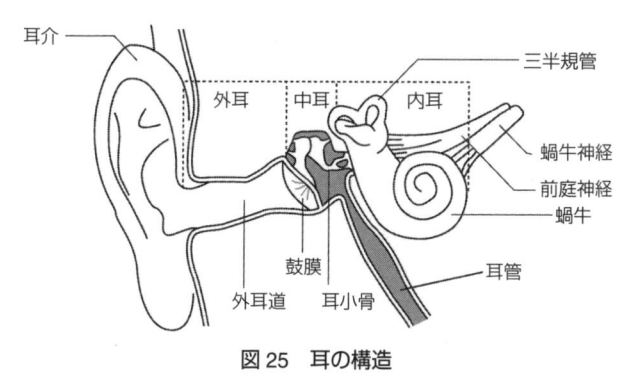

図25　耳の構造

以下になったペットボトルのふたをしっかりと閉めて，地上に降りてから見てみてください．ペットボトルの中の気圧が低くなるので，押しつぶされたような形になっているでしょう．今度は中耳の中はこのような状態になり，鼓膜が中耳のほうに引っ張りこまれるので痛みを感じます．この場合も耳管によって鼻から中耳に空気が送られて，だんだんに痛みは和らいでいきます．しかし，風邪をひいて鼻が詰まっているときなどは耳管の開きが悪くなり，なかなか痛みがとれなく苦しい思いをします．一般的には，離陸時よりも着陸時のほうが耳の痛くなる可能性が高いそうです．

どうやったら早く治せるの？

　それでは，耳が痛くなったときに意識的に耳管を開いて早く治す方法はないのでしょうか？　あります．それは「あごを動かす」ことです．大きなあくびをするように口を意識的に大きく開けると耳管が広がり気圧差を調整できることがあります．また，つばを飲み込んだり，飴をなめたり，ほんとうにあくびをすることも効果があります．小さな子供の場合は，飲み物を飲ませてあげてもよいですし，「おしゃぶり」でもかまいません．とにかく「あごに力が入るようなこと何か」をしてみてください．

　それでもだめなときは，鼻をつまんで，口から息を軽く吸い，口を閉じて，「ちーん」と鼻をかむように一瞬力を入れてみてください（あ

まり強くやらないようにしてください）．鼻の奥から耳管を通して中耳のほうに空気が送られ，痛みが治りやすくなります．直後につばを飲み込んだり，口を大きく開けたりすると，より一層の効果が得られます．この方法を「バルサルバ方（いわゆる耳抜き）」といいます．

予防法はありますか？

まず，アレルギー性鼻炎や慢性副鼻腔炎の人は旅行前に治療を受けることをお勧めします．風邪をひいて鼻が詰まっている場合には，市販の点鼻薬を使って鼻の通りをよくしておくこともよいでしょう．ただし，点鼻薬は使いすぎるとだんだん効かなくなってきますので注意してください．また，アルコールは鼻を詰まらせるはたらきがあるので，飛行機に乗る当日や飛行機の中ではお酒を飲まないことも予防になります．

コラム 「飛ぶお仕事」と「航空性中耳炎」

　中耳の気圧が高くなったまま空気が抜けなくなると，中耳に水がたまり「航空性中耳炎」になってしまいます．飛行機に乗ることが仕事のパイロットや客室乗務員には，この航空性中耳炎に悩まされている人が思いのほか多いのです．仕事ですので多少風邪気味のときでも乗務しますが，このように無理をしたときに限って航空性中耳炎になってしまうようです．

　ふだんの会話で，航空会社に勤めていることが相手にわかると，「飛んでいるの？」と聞かれることがよくあります．「飛んでいる」は，飛行機に乗る仕事のことを意味していて，パイロットや客室乗務員のことをさします．この質問により世間一般でのパイロットや客室乗務員への関心の高さを知ることができます．

　おもしろいことに，耳鼻咽喉科のお医者さんにも「飛んでいるの？」と聞かれることが多くあります（保険証から勤務先が航空会社とわかってしまうので）．この質問は関心の高さではなく，いかに多くの「飛んでいる」人が，航空性中耳炎でお医者さんのお世話になっているかを裏付けています．

2-14 オゾンが客室内に入ってきたらどうなるの？

"オゾン"ということばは，「オゾン層の破壊」など環境問題でもよく使われているので，誰もが耳にしたことがあるでしょう．しかし，「ジェット旅客機がオゾン層の中を飛んでいることがある」と聞かされたら驚く方も多いのではないでしょうか．オゾンを吸ってしまったら健康にいいはずがありませんよね？

オゾンって何？

オゾンは酸素原子3個からなる気体（O_3）で，生物に有害な太陽からの紫外線を吸収して地上へ届く量を少なくさせる大事な働きをしています．オゾンは高度約 20 km を中心に 10～50 km の成層圏に存在し地球全体を覆っています．これが「オゾン層」です．オゾンは酸化力が強いために，吸い込むと人体には有害となります．実は，光化学スモッグの成分のほとんどはオゾンなのです．したがって，オゾン層を飛行するときにはオゾンが客室内に入らないようなくふうが必要になります．

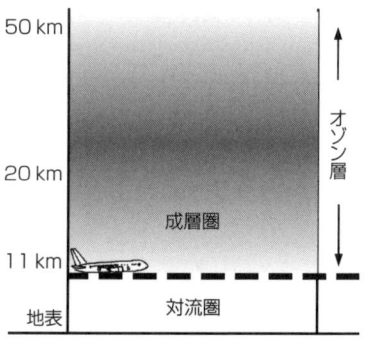

図26 オゾン層の分布

オゾンを吸ったらどうなるの？

オゾンを吸い込んでしまったときの代表的な症状は次のようになります．まず，最初に刺激性の不快な味や匂いを感じます．さらに，胸部の圧迫感と

ともに深く息を吸い込んだときに不快を感じたり，息を深く吸い込もうとすると咳がでてしまったりします．また，頭痛，目の刺激感や炎症を伴うこともあります．このように，直接生命の危険にはならないかもしれませんが，人体への影響は大きい（有害である）のでオゾンは吸わないようにしなければなりません．

どうして，わざわざオゾン層を飛行するの？

「オゾンが有害ならばオゾン層よりも低いところを飛べばいいんじゃないの？」と思うかもしれません．しかし，国際線などの長距離路線の飛行機は，高度1万〜1万2千mを飛行することによってもっとも効率がよくなる（飛行時間が短く，燃費もよい）ので，どうしてもオゾン層の下部（＝成層圏下部）を飛ぶことになってしまいます．特に北極や南極に近い高緯度の地域では成層圏の最下部は高度8 km付近になるので，よりオゾン濃度が高いところを飛行機が飛ぶことになります．また，効率性以外にも成層圏を飛行するメリットがあります．それは，成層圏では一般に大気が安定していて雲もないのでスムースで快適な飛行が期待できることです．このような利点があるので，成層圏の下部つまりオゾン層の下部を飛行することがあるのです．

どのようなくふうをしているの？

オゾン層が存在する高い高度を飛行する飛行機には，「オゾンコンバーター」という装置が備えられています．オゾンコンバーターは，空調をおこなうエアコンディショニング・システム（エアコン）の内部にあり，オゾンを分解して酸素にしてくれるのです．このオゾンコンバーターのおかげで，オゾンは客室内には入ってこないようになっています．どうぞリラックスして，ゆっくりと機内サービスをお楽しみください．

2-15 着陸直前に上昇して空港を通りすぎたのはなぜ？

　着陸をやり直す必要があるために，上昇して空港を通りすぎてしまうことがあります．このような状況は「ミストアプローチ（進入復行）」と「ゴーアラウンド（着陸復行）」の2つに分けることができます．

ミストアプローチ（進入復行）
　飛行機が着陸するときには，滑走路に向かってだんだんに高度を下げていきます．ある一定の高度（決心高度[*1]といいます）まで降下したときに，滑走路あるいは滑走路灯（夜間の場合）が見えたときにはそのまま降下を続け着陸します．しかし，雲の中を降下しているときや霧が立ちこめているときには，決心高度まで降下しても滑走路も滑走路灯も見えない場合があります．このようなときに，その飛行機は着陸を中止して一度上昇しなければなりません．これを「ミストアプローチ（進入復行）」といいます．ミストアプローチした飛行機は，管制塔の許可を受けてもう一度着陸を試みることもありますし，またホールディングして[*2]天候の回復を待つこともあります．

ゴーアラウンド（着陸復行）
　滑走路に向けて最終進入をしているときに，着陸を断念して上昇していく

[*1] さまざまな技術の革新により，一部の空港では決心高度が設定されずに視界がほとんどゼロであっても滑走路へ進入，着陸することが可能になっています（カテゴリーIIIといいます）．この場合，飛行機の性能，機長の技量・習熟度，空港の無線誘導装置などの各種条件が整っていなければなりません．2007年現在，日本では成田，釧路，熊本，青森の4空港がカテゴリーIII対応になっています．

[*2] まもなく到着するはずなのに，しばらくまっすぐ飛んでからゆっくりとUターン，またまっすぐに飛んでからUターンのように飛行機が飛ぶことがあります．このように空中をグルグル回りながら到着時間を調整することを「ホールディング（空中待機）」といいます．

ことを「ゴーアラウンド（着陸復行）」といいます．先に着陸した飛行機がまだ滑走路上にいてこのままでは危険な状況になると機長が判断した場合や，マイクロバースト，ウインドシア，強い横風および雷雨などの気象状況もゴーアラウンドの原因となります．管制塔から飛行機に対してゴーアラウンドが指示される場合（滑走路上に他機がいるなど）と，機長の判断によってゴーアラウンドする場合（主に気象状況）の両者があります．瞬時の判断と操作により着陸態勢から上昇態勢に移らなければならないので，パイロットにとってはとても緊張する一瞬です．しかし，パイロットたちはフライトシミュレーターなどを用いて体が自然に覚えてしまうくらいまでの繰り返しの訓練を積んでいますので，心配は無用です．

　進入復行のときと同じように，ぐるっと回ってきてからもう一度着陸態勢に入らなければならないので，着陸までに10〜15分くらいかかってしまうときもあります．

2-16 ダイバージョンとの機長のアナウンス！ なぜ？

　飛行機が何らかの理由により目的地の空港ではなく他の空港に着陸することを「ダイバージョン（目的地外着陸）」といいます．ただし，出発地空港に引き返すときは「引き返し」といいダイバージョンには含みません．
　ダイバージョンの理由にはさまざまなことがありますが，目的地に着陸できないためにおこなう場合と飛行中にやむを得ない事情が発生してダイバージョンする場合に分けることができます．では，それぞれの具体的な理由を見てみましょう．

① 目的地空港に着陸できないためにダイバージョンする場合
　・目的地の空港が閉鎖になってしまっている（積雪，事故など）
　・最低気象条件を下回っている
　・長時間のホールディングで残燃料が少なくなった
② 飛行中にダイバージョンしなければならない事情が発生した場合
　・急病人（あるいはけが人）を少しでも早く病院に搬送する必要がある
　・整備上のトラブルが発生し，安全上飛行を続けることが好ましくない

　①の場合は，あらかじめ飛行計画に示されている代替空港に向かう場合がほとんどなので，もともとの目的地に比較的近い空港にダイバージョンすることになります．しかし，②の場合にはその理由が発生した場所によってどこにダイバージョンするかを決めなければなりません．機長と運航管理者は病人，整備などの受け入れ態勢やその後のフライトの継続可能性などさまざまな要素を十分に検討して，最適な空港へと向かうことになります．ただし，長距離の国際線で出発して間もない場合は，出発地空港に引き返すことが一般的です（この場合はダイバージョンではなく「引き返し」になります）．

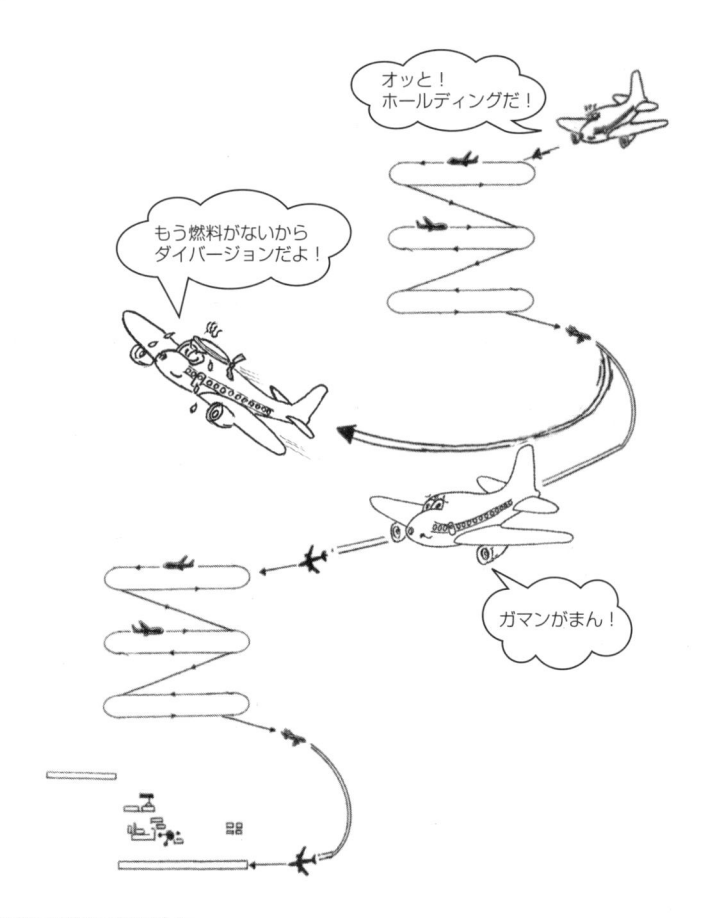

代替空港の選び方

運航管理者は飛行計画作成の際に代替空港をどこにするか検討しますが，主に以下の条件を満たす空港が代替空港として選ばれます．

① 目的地空港に近い空港
② 目的地空港よりも気象条件がよい空港
③ 低気圧や前線などが接近してくるときには，目的地空港よりも気象条件が有利な空港（より早く天候が回復する見込みの空港）
④ 代替空港までの燃料が確保できること

2-17 どのような気象状況のときにダイバージョンになるの？

目的地の空港の天気が悪いことはダイバージョンの主な原因のひとつです．それでは，着陸ができないような気象状況とは具体的にはどのようなものなのでしょうか？

① 視界不良（見通しが悪い）

最終着陸態勢に入っている飛行機が，ある一定の高度（決心高度）まで高度を下げても滑走路が見えないときには，一度上昇して着陸をやり直すことになっています（ミストアプローチ）．雲が低くたれ込めているときや霧が発生しているときにはこのようなことがおこります．視程が非常に悪いときには，管制塔によって滑走路が閉鎖され離着陸が一切できなくなってしまうこともあります．

最近では，飛行機の性能，パイロットの技量と習熟度，空港の無線誘導施設の完備など，諸条件が整っている場合には，視程がほとんど"ゼロ"でも着陸できるようになってきています．

② 強風（主に横風）

着陸直前に機体が大きく傾き，「ヒヤッ」とすることがありますが，飛行機は強い風の中での着陸はあまり得意ではありません．「飛行機は空気という海の中を泳いでいる」ことを思い出していただければよくわかるでしょう．特に，飛行機は滑走路に対して横から吹いてくる風（横風）が苦手です．各航空会社は，離着陸のときの横風の強さの限界を機種ごとに定めていて，限界を超えた風が吹いている場合には，離陸も着陸もしてはいけないことになっています．

③　ウインドシア

「ウインドシア」とは，風速や風向が急激に変化することです．着陸前の飛行機は速度を落としぎりぎりの揚力で飛んでいます．この最終着陸態勢のときに風速や風向が急に変化すると機体の姿勢が乱れ，着陸までに姿勢を回復できなくなったり，必要以上に地面に近づいてしまったりします．このようなときには，ゴーアラウンドになることがあります．

④　ダウンバースト

「ダウンバースト」とは，積乱雲から生じる下降気流で，地面にぶつかり放射状に周囲に広がっていく突風のことです．離陸直後や着陸直前の飛行機がダウンバーストに出会うと，揚力を失い大変危険な状態となるので，滑走路上やその延長線上にダウンバーストがある場合には，離着陸は控えなければなりません．

⑤　雷雨

空港のすぐ近くに雷雨がある場合も離着陸を控えます．飛行機への避雷を避けることももちろんですが，雷雲から降る「ひょう」による機体のダメージを防ぐためです．

⑥　雪

降雪が直接的に着陸に影響を与えることはありませんが，除雪のために滑走路が閉鎖になることがあります．

これらの気象状況はすぐにダイバージョンに結びつくわけではありません．しかし，着陸できずにゴーアラウンドする飛行機が重なり到着機の混雑が激しくなると，ホールディングされる時間も長くなります．このようなときには，一度ゴーアラウンドしてしまうとなかなか着陸の順番が回ってこなくなってしまいます．ついには，これ以上ホールディングする燃料がなくなり，ダイバージョンとなってしまうのが主なストーリーです．

また，何回か着陸を試みたのに毎回ゴーアラウンドになってしまい，一度着陸をあきらめてダイバージョンしてから天候の回復を待つこともあります．

2-18 目的地の天候回復待ちで遅れて出発したのに結局ダイバージョン？

出発が遅れた上にダイバージョンして目的地に着くのが5〜6時間（あるいはそれ以上）も遅くなってしまうことがあります．長距離国際線では，このようなことがときにはおこってしまいます．では，具体的な例をあげて説明していきましょう．

目的地の天気が大荒れの予報

シカゴのオヘア空港で成田空港行きの搭乗手続きに向かいました．すると，「成田到着時の天気予報がよくないので2時間遅れて出発する」と案内されました．このように出発時刻を調整までする悪い天気とは，たいていの場合は台風か大雪です．到着予定時刻に台風が成田を直撃している，あるいは滑走路を閉鎖して除雪中であるなどと予想される場合には，このように出発を遅らせる（到着を遅らせるために）ことがあります．「定刻に出発して成田近辺でホールディングして天候の回復や滑走路の再開を待つよりは，最初から出発を遅らせた方が燃料もむだにならないしダイバージョンも避けられる」と考えるわけです．もちろん2時間遅らせれば，台風が通りすぎている，あるいは雪がやんでいると予想されることがその前提となります．

じゃあどうしてダイバージョンになったの？

ほとんどの場合，成田には2時間遅れで無事に到着します．ではなぜ，ダイバージョンしてしまったのでしょうか？ 2つの大きな理由が考えられます．

まず1つめの理由は，「天気の進み方が予想よりも遅かった」ことです．成田空港の上空に近づいたときにはまだ天候が完全に回復しておらず，多く

の飛行機がホールディングされている状態だったことが考えられます．

　次に2つめの理由は，「到着便が極端に集中してしまった」ことです．空港の天気予報である「飛行場予報」は，それぞれの飛行場の気象台から発表され，世界中に自動的に配信されています．したがって，成田空港の飛行場予報は成田航空地方気象台によって作成され，世界中の航空会社が同じものを見ているのです．つまり，このシカゴからのフライトだけでなく，アメリカ，ヨーロッパ，アジアの各方面からのフライトの多くが同じような到着時間になるように出発を調整してしまったことが考えられるのです．本来なら2時間の中で分散する到着便が同じ時間帯に集中したために，ホールディングが長時間化してやむを得ずダイバージョンになってしまったのでしょう．

　ほんとうはこのような状況を避けたいがために出発の遅れを決断したのですが，結果としては良かれと思ってやったことが裏目にでてしまったことになります．

皮肉な時間差

　このような状況のときに，少しの時間差で皮肉な結果のちがいがおこることがあります．たとえば，このシカゴから成田へのフライトはもともとの成田到着予定時刻が15時，出発を遅らせたために17時が新しい到着予定時刻だったとします．結局，関西空港にダイバージョンしてしまったので，関西空港で給油した後に成田空港に到着したのは20時になってしまいました．ところがこの航空会社は3時間後にもう1本シカゴから成田へのフライトを運航していて，成田到着予定時刻は18時です．このフライトは天候の影響を受けないと予想できたので定刻にシカゴを出発しました．成田空港上空に近づいたときには空の混雑はすでに解消されていて，ホールディングされることもなく定刻18時に成田に到着しました．つまり，1時間前にシカゴを出発したフライトを追い越して先に成田に到着してしまったのです．

コラム　航空会社どうしが天気予報で競っている？

　わたしたち航空会社の職員は，目的地の天候を考慮してフライトの出発を遅らせるようなときには，同じ路線を持つ他の航空会社の動向がとても気になります．というのは，うちは出発を遅らせたのに他社は定刻で出発することがあるからです．

　目的地の空港の天気予報など航空気象のデータや天気図は，各国の気象機関（日本では気象庁）から世界中に配信されているので，どこの航空会社も基本的には同じ情報を持っています．しかし，それぞれの航空会社は気象情報サービスの会社などからより細やかなデータの提供を受けているとともに，気象の専門家を社内に擁していて航空会社独自の天気予報も作成しているのです．したがって「ほんとうに飛行機が着陸できないくらいに天候が悪いのか？」，あるいは「何時くらいがそのピークなのか？」などの判断が航空会社間によって微妙に異なってくることがあるのです．

　「他の航空会社は定刻で出発するのにどうしてここだけ遅れているんだ」とお客様からおしかりを頂戴することもあります．しかし，出発を遅らせた判断が正しかったかどうかは，それぞれの航空会社のフライトが順調に目的地に到着したかどうかを確認するまではわかりません．お客様には「目的地に最小限の遅れで到着するためにベストを尽くした上での判断ですので…．」とご理解をお願いすることになります．

2-19 滑走路が閉鎖になるとき

　滑走路が閉鎖になってしまったら飛行機の離着陸はできなくなってしまいます．したがって，夜間に予定されている工事や補修のための閉鎖以外は特別な理由があることになります．それでは，滑走路が閉鎖になる具体的な理由を事情によって分類しながら見てみましょう．

1．気象条件
視程などが基準を下回っている
　　各空港の滑走路ごとに定められている視界や雲の高さの限界値である「最低気象条件」を下回っているときには危険防止のために滑走路は閉鎖されます．

2．飛行機トラブル
滑走路上で飛行機が動けなくなってしまった
　　滑走路に着陸した飛行機は，地上を走行しながら誘導路に入り駐機場へと向かいます．しかし，機体のトラブルのために自力で走行できない，あるいは曲がれないなど滑走路上で動けなくなることがあります．このようなときにも滑走路は閉鎖になります．トーイングトラクタ（飛行機用の牽引車）が大至急現場へ向かい，飛行機を引っ張って移動します．何本ものタイヤが同時にパンクしたときは，牽引できないために滑走路上でタイヤ交換をするときもあります．この場合，滑走路閉鎖の時間は長くなってしまいます．

3．滑走路の状況

滑走路の除雪

　　除雪をおこなうときにも滑走路は閉鎖されます．雪が降り続くときには，1日に何回も除雪をしなければならないときがあります．10台ほどの除雪車で一気に作業をしますが，1回の除雪に30分から1時間程度，凍結しているときにはさらに長い時間がかかってしまいます．

異物などの除去

　　着陸時に飛行機のタイヤがパンクした場合，破片が滑走路上に散らばってしまいます．また，パイロットから滑走路上に何か落ちていた（飛行機の部品の場合が多い）と通報があるときがあります．このようなときも滑走路を閉鎖して，空港職員が車でそれらの異物を探しに向かいます．

滑走路の点検

　　機体トラブルで緊急着陸した飛行機があった場合，滑走路上に部品の脱落はないか，油が漏れていないかなどの点検をします．この際にも滑走路は閉鎖され，空港職員が何台かの車に分乗して滑走路の隅から隅までを確認します．

滑走路の工事・補修

　　工事や補修は，通常飛行機の運航がない深夜の時間帯などにおこなわれるので，滑走路が閉鎖されても大きな影響はありませんが，緊急性がある補修の場合は運航時間帯に行われることもあります．

4．その他

　　めったにあることではありませんが，実際にあった話をご紹介します．2006年7月8日早朝，羽田空港の滑走路を歩いて横断した男性が目撃されました．3本の滑走路すべてが約2時間20分にわたって閉鎖され，合計111便に遅れが出ました．結局，この男性は空港内で働くアルバイト社員であることが判明しました．空港の規則がよく理解できておらず，また悪気もなかったことがわかり滑走路は再開されました．もちろん，この社員と所属会社は厳重注意を受けました．

2-20 滑走路が閉鎖になったら出発機や到着機はどうなるの？

前節では滑走路が閉鎖になるさまざまな理由を見てきました．では，滑走路が閉鎖になったときには，いったいどうなってしまうのでしょうか？　出発機と到着機に分けてお話ししましょう．

出発機の場合

出発機の場合は，「滑走路が再開されるまで待つ」ことが基本となります．数分間で終わる滑走路の点検のための閉鎖のようなときには，滑走路の先端から誘導路上に順番に並んで滑走路の再開を待ちます．しかし，閉鎖の時間が長引く場合には誘導路が混雑してしまうので，駐機場からのプッシュバック（トーイングトラクタによる押し出し）が制限されたり，誘導路上の飛行機に一度駐機場に戻る指示が出されたりすることがあります．また，誘導路上で待機しているときでも車のアイドリングと同じようにエンジンは回っていて燃料はだんだんに使われていきます．管制塔から指示されなくても，給油のために飛行機のほうからリクエストして駐機場に戻ることもたまにはあります．

特に滑走路が1本しかない空港の場合，滑走路が再開されても到着便のほうが優先される傾向にあります．なぜなら，「残りの燃料が少なくなった飛行機を早く着陸させるべき」という安全上の配慮が必要になるからです．したがって，「たった10分の滑走路の閉鎖だったのに，離陸までに1時間もかかってしまった」ということもあります．

到着機の場合

到着機の場合は，"ホールディング"が基本となります．短い時間の閉鎖

滑走路が閉鎖になったら出発機や到着機はどうなるの？

であれば何機かがホールディングされるだけですむ場合がほとんどです。なお、着陸直前の飛行機には管制塔からゴーアラウンドの指示がなされ、他の到着機とともにホールディングされることになります。

　滑走路の閉鎖が長引いた場合には、とても緊迫した状況になってきます。ホールディングされるときには管制塔からパイロットに「滑走路への進入予定時刻」あるいは「次の指示の予定時刻」が告げられますが、滑走路の再開のめどが立たないときにはこれらの予定時刻もどんどん遅いものに変更されていきます。また、フローコントロール*も開始され、その空港あるいは周辺の空域へ向けての飛行が制限されます。ホールディングが長引けば、残りの燃料が少ない飛行機はダイバージョンを決断し、代替空港に向かうことにもなってしまいます。このようなときには飛行機を操縦するパイロットもたいへんですが、空の交通整理を担当する管制塔も大忙しになります。自動車ならばエンジンを止めて待てばよいのですが、飛行機にはそれができないのがつらいところですね。

　これまでは、その空港に滑走路が1本しかないと想定してお話を進めてきましたが、滑走路が2本以上ある空港では、通常離陸と着陸の滑走路は別々になるように運用されています。1本の滑走路が閉鎖になったときには、他の滑走路で離陸と着陸を交互におこなうなどのくふうができるので、まったく離着陸ができなくなることはありません。しかし、残りの滑走路に飛行機が集中することになるので、結局は混雑してしまい出発、到着便ともに遅れが発生してしまいます。

---

*　目的地の空港や飛行ルート上に渋滞が予想される場合に、航空交通管理センター（ATMセンター）によっておこなわれる交通量制御のことです。

コラム　中部空港には雪は降らないはずだったのに!?　①

　2005年12月22日，中部国際空港では積雪や凍結のために滑走路が9時間近くも閉鎖されてしまいました．運航できたのはたったの20便，なんと国際線国内線あわせて224便が欠航となってしまったのです．

　中部空港がある愛知県常滑市はこれまでに雪の降ることは少なく，「基本的に雪は降らない」と空港サイドが考えていたことが滑走路閉鎖を長引かせた原因であると説明されました．もともと中部空港には除雪車が1台も配備されておらず，空港は午前10時に名古屋市内の契約業者に除雪車12台の手配をしました．しかし，高速道路の閉鎖などもあって「待てども待てども除雪車がこない」という状況になってしまいました．

　結局，除雪作業が終わったのは午後6時を過ぎてから，この時点でほとんどのフライトがすでに欠航になっていました．旅客ターミナルには飛行機に乗れなかった旅客があふれ，空港内で夜を明かすことになった旅客も多数に上りました．

3-01
横風が飛行機におよぼす影響は？

「きょうは横風が強かったから，ほとんど横向きに飛んでいたよ」と，到着したばかりのパイロットから聞いたことがあります．「飛行機が横向きに飛ぶ」という表現は少し大げさですが，飛行機が横風に流されないようにするために，斜めのほうを向いて飛んでいるのはいたってふつうのことなのです．

なぜ飛行機が斜めを向いて飛ぶの？

空気の流れである風はわたしたちの目には見えないので，飛行機が斜めを向いて飛ぶことをなかなかイメージできないかもしれません．そこで，ここ

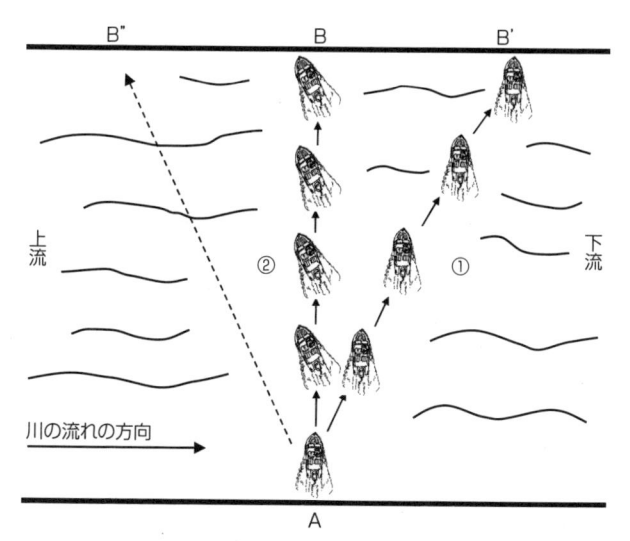

図27 川の対岸に渡るボートの向きと航跡

では川の対岸に渡るボートを例にして見ていくことにしましょう．

図 27 の左側が川の上流，右側が下流です．したがって，川の水は左から右に向かって流れています．手前側の岸 A 地点にいるボートが，対岸正面の B 地点に向かおうとしています．このボートが川の流れを考えずに，まっすぐ B 地点に向かって進んだら，川に流されてしまうので①のように進み，B 地点よりも下流の B' 地点にたどり着くことになります．もしもこのボートが A 地点から B 地点にまっすぐ進みたいならば（②のように），はじめから川の流れを計算に入れて，常に B 地点より上流（例えば B" 地点）を目指してボートを進めればよいのです．ここで注目したいのがボートの向きです．A 地点から B 地点に向かってまっすぐ進んでいるのですが，ボートは常に B 地点よりも上流の方向を向いています．つまり，斜めのほうを向きながらまっすぐに進んでいるのです．

飛行機と横風の関係もこの例とまったく同じで，横風に流されないようにするために，機首を風上側に向けて（あたかも斜めを向いているかのように）飛んでいるのです．これを専門的には「クラブ（crab）」といいます．Crab は日本語に訳すと「カニ」，つまりクラブは「飛行機のカニ歩き」ということになります．

みなさんも滑走路の延長上で飛行機の離着陸の直前直後を見る機会があったら確認してみてください（運転中はダメです）．飛行機が脇見をしているかのように斜めのほうを向いていたら，その方向からの横風が吹いているのです．

横風が強いとヒコーキはカニになります

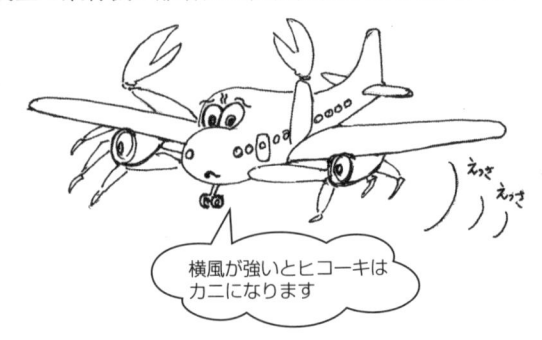

離着陸時には「カニ歩き」できない

飛行中の飛行機はクラブしながら横風とうまくつきあっています．しかし，離着陸のときにはそういうわけにはいきません．なぜなら，滑走路の方向は決まっていてその上で離着陸するので，クラブすることができないのです．

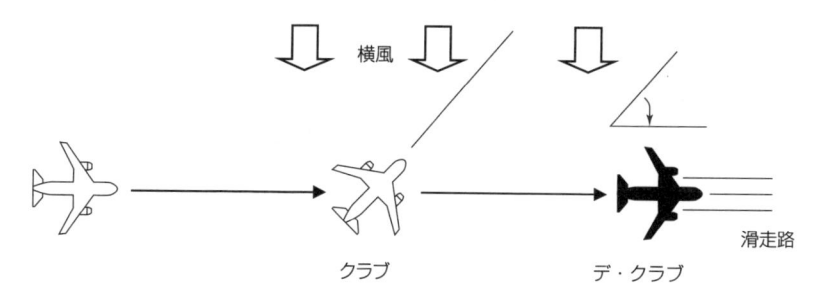

横風が飛行機におよぼす影響は？ | 79

図28 クラブとデ・クラブのイメージ

したがって，滑走路に対して横風が吹いているときには，飛行機は風をがまんしながら離着陸しなければならなくなります．あまり横風が強いと，滑走路から外れたり翼の端が滑走路に触れたりする危険性が高くなります．このため，一定の強さ以上の横風が吹いているときには，飛行機の離着陸は禁止されています．

　ちなみに，最終着陸態勢においてもクラブの姿勢をとり斜めを向きながら滑走路に進入してきた飛行機は，そのまま着陸すると滑走路から外れてしまうので，パイロットは着地直前に飛行機を滑走路に正対させる操作をします．これを「デ・クラブ（de-crab）」（カニ歩きをやめるという意味）といいます．

3-02 ウインドシアって何？

　ウインドシアとは，空間的な風の変化率のことです．とはいっても，全然ピンとこないと思いますので，まずは風のお話をしてからウインドシアを説明することにしましょう．

風って何？　何で吹くの？
　風とはいったい何なのでしょうか？　そうです．わたしたちが生きていくために欠かせない"空気"の流れのことです．空気は目には見えませんが，風は肌で感じることができます．では，風はなぜ吹くのでしょうか？
　太陽があるから風が吹く．といったら「信じられな～い！」と思いますか？　でもほんとうなんです．地球は常に太陽から暖められています．つまり，熱エネルギーをもらっているのです．空気はこの熱エネルギーによって動きはじめます．

風は上昇気流と下降気流によって吹きはじめる
　太陽は地面を暖めます．するとその地面に接している空気も暖められ軽くなって上昇します．上昇した空気は上空で冷やされ重くなって下降します（図29参照）．このような空気の循環を「対流」とよびますが，この対流による空気の流れが風のはじまりなのです．

風はいろいろな風が合成されたもの
　ひと言で風といっても，季節風のように何千kmにもわたって吹く規模の大きなものから局地風とよばれる狭い範囲内で吹く規模の小さいものまで，いろいろな大きさ（規模）の風があります．わたしたちがふだん感じている

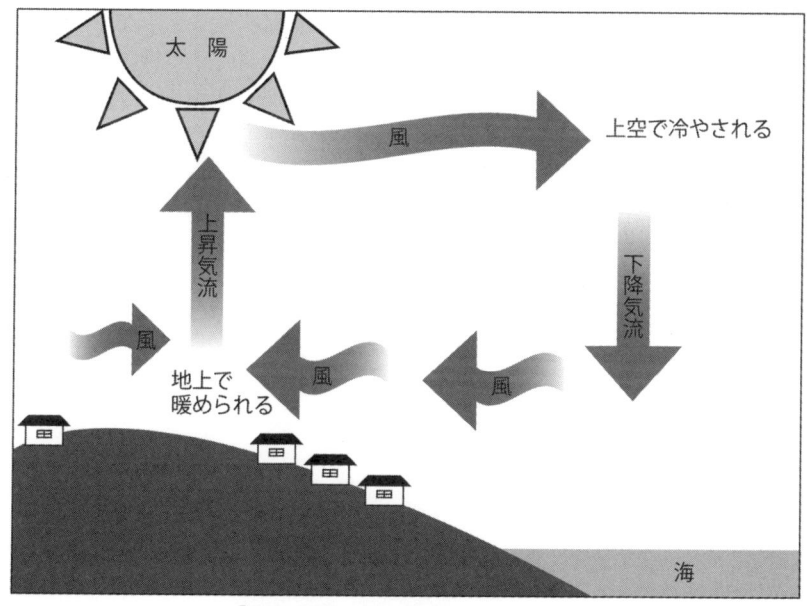

『学研の図鑑 天気・気象』をもとに作成
図29 上昇気流と下降気流

風は，いろいろな大きさの風が合成されたものです．だから風はいつも同じように吹いているのではなく，強まったり弱まったり，また方向も変化しながら吹いているのです．2本の川が合流しているところを想像すればわかりやすいでしょう．流れの速さや向きが変わったり，渦ができたりしています．

ウインドシアは風の変化のこと

このような風速や風向が変化することを「ウインドシア」とよんでいます．ウインドシアは水平的な風の変化だけではなく鉛直方向（上下方向）の風の変化も含みます．もう少し具体的に説明すると，①向かい風や追い風の増減，②横風の増減，③上昇気流や下降気流の増減，あるいは①～③が組み合わされたものがウインドシアです．つまり，空間的な（前後左右そして上下方向の）風速や風向の変化のことを意味しているのです．風が弱くなったり強くなったりすることを「風の息」とよくいいますが，風の息ももちろんウインドシアの一種です．

ちなみに，ウインドシアには適当な日本語訳がありません（「風のシア」と訳すことはあります）．また，一般的なことばではないので新聞で用いることもないようです．「空港周辺は強い風雨となり，風向も急激に変化した」などと新聞に書かれていたら，強い風雨とウインドシアだったんだな！と理解してください．

　ウインドシアが飛行機に与える影響については，つぎの「3-03　ウインドシアの飛行機への影響は？」でくわしくお話しします．

3-03
ウインドシアの飛行機への影響は？

　前節では，ウインドシアは空間的な風速や風向の変化のことであると説明しました．つまり，ウインドシアは空気の流れの乱れであるともいえます．それでは，飛行機がウインドシアに出会うとどうなってしまうのでしょうか？

風の変化のしかたと飛行機への影響

　まず，向かい風や追い風が変化すると飛行機はどうなるのでしょうか？向かい風が強くなると対気速度*が増加するので，揚力も増加します．すると，今までまっすぐ水平に飛んできた飛行機は自然に上昇しはじめてしまいます（図30参照）．逆に追い風が強くなると，対気速度は減少し，それとともに揚力も減少するので，飛行機は降下していきます．

　つぎに横風による影響を見てみましょう．飛行機は横風を受けると風下のほうに流されてしまいます．飛行機は風に流されないようにするために，機首を風上側に向けてまっすぐ飛んでいけるように調整します（図31参照）．しかし，横風が強くなったり弱くなったりすれば，飛んでいきたい方向からだんだんずれていってしまうので，あらためて機首の向きを調整しなければならなくなります．

　こんどは，上昇気流や下降気流が強くなると飛行機はどうなるでしょう？上昇気流が強くなったくらいで重い飛行機が持ち上がるはずはない！　と思

---

*　飛行機を包んでいる空気に対して，飛行機がどれくらいのスピードで進んでいるかを示すものが対気速度です．つまり，風がないとしたときの飛行機のスピードです．同じ対気速度で飛行していても，地上から見ると向かい風を受けて飛ぶときは風の速さの分だけ遅く，また追い風を受けて飛ぶときは風の速さの分だけ速くなります．

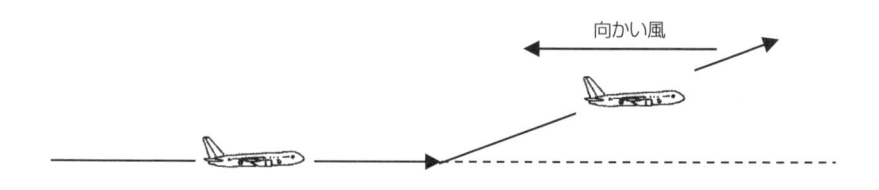

図30　向かい風の影響

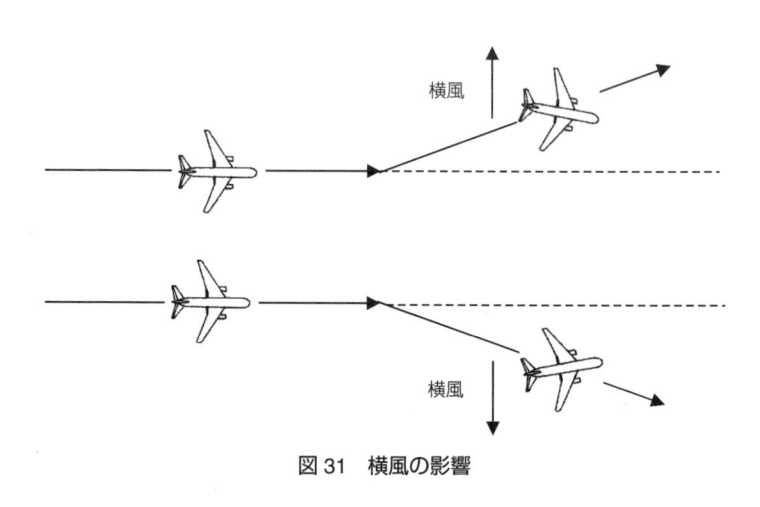

図31　横風の影響

いたいところですが，実は飛行機も上昇してしまいます．なぜなら，飛行機は空気に包まれて飛んでいるからです．空気が上昇すれば飛行機もいっしょに上昇してしまうのです．したがって，下降気流が強くなれば，飛行機は降下することになります．

低層ウインドシア

　飛行機が，巡航中のように高い高度を高速で飛んでいるときには，ウインドシアに出会ってもあまり影響は大きくありません．なぜなら，飛行機の速度に対して，風の変化の割合は小さなものなので対気速度があまり変化しないからです．また，仮に飛行機が降下したり姿勢が乱れたりしても地面まで

の距離に余裕があるので，すぐに危険につながるようなことはありません．

　ところが，飛行機が低い高度を飛ぶときには状況が大きく変わります．低い高度を飛ぶのは離陸直後か着陸直前ですが，特に着陸直前にはスピードを落としながら低速で飛んでいるので，ウインドシアによる影響が大きく現れてしまいます．急に降下して地面にたたきつけられてしまったり，滑走路から外れてしまったりするおそれがあるのです．

　このように低高度で発生するウインドシアは，飛行機の運航に重大な影響を与えるので「低層ウインドシア」とよばれ，航空界ではこまやかな配慮と対応がなされています．

低層ウインドシアへの対応策

　着陸のために滑走路へ進入しているときや離陸時にウインドシアに出会ったパイロットは，その状況を管制塔に伝えることになっています．管制塔はこの通報を受けたとき，またはウインドシア表示装置にウインドシアの情報が表示されたときには，その空域を飛行する飛行機すべてにその情報を警報として伝えます．これにより他の飛行機のパイロットは，ウインドシアを避けるなどの対応が可能になります．

　また，ふだんわたしたちが利用している旅客機には，GPWS（ground proximity warning system）という対地接近警報装置が装備されています．この装置は，飛行機が地表に衝突してしまう危険をコンピュータが察知して，操縦室の警報灯と合成音声でパイロットに知らせてくれるものです．着陸直前にウインドシアに出会ったときには，この装置が作動して警報を発することがあり，パイロットはゴーアラウンドなどの適切な対処をして危険を避けるようにしています．

コラム　成田空港史上最悪の日はウインドシアだった

　2006年10月6日，成田国際空港では大雨，強風，そしてウインドシアにより開港以来最多の82便が着陸できず，ダイバージョンや出発地への引き返しとなりました．欠航便は到着，出発合計で91便，乗客およそ1600人が空港ロビーなどで一夜を明かしました．

　大雨で視界が悪かったところに最大瞬間風速30メートルが記録され，大荒れの天気であったことは確かなのですが，さらに悪いことには風速が急に強くなったり弱くなったりするウインドシアがとても顕著で，このウインドシアが主な理由となり着陸できない飛行機が相次いでしまったのです．

　当日の夜，パイロットの宿泊先であるホテルのバーでは，この日のウインドシアのことで大きく盛り上がったということですから，経験豊かなパイロットたちにとってもめずらしいくらいのウインドシアだったことが想像できます．

　ちなみに，それまでの成田空港における記録は1996年9月の台風の影響による60便が着陸できなかったことだそうです．皮肉にも10年ぶりに記録を大きく塗り替えた原因は，台風でも大雪でもなく，ウインドシアだったのです．

4-01 乱気流とは？

みなさんは「乱気流」と聞いたら何を想像しますか？ そうですね．たいていの人は飛行機がゆれることだと思うでしょう．「これから気流が少々乱れたところを通過しますので，ゆれが予想されます．シートベルトをしっかりとお締めください」という機長のアナウンスもよく耳にします．それでは，この気流が乱れると書く「乱気流」とはいったいどのようなものなのでしょうか？

空気は常に動いている

わたしたちは空気に包まれて生活していることを思い出してみましょう．目に見えないのでつい忘れてしまいがちですが，空気はいろいろな方向に絶えず動いています（このように一定の形を持たないものを「流体」といいます．もちろん水も流体です）．この空気の動きが風なのですが，風はいつも一定の速さや方向に吹いているわけではありません．たとえば，川岸では水の流れと岸とのあいだに摩擦が生じて小さな渦やよどみができ，また2つの川が合流するところでは流れの速さが大きく変わったり渦ができたりしています．空気の世界でもほぼ同じことがおこっています．地形やビルによって風の流れは変わり，また風と風とがぶつかり合ったりしています．空気の流れはそこらじゅうで混乱していて不規則になっているのです．このような空気の乱れを専門的には「乱流」といいます．

「乱気流」は飛行機の運航に支障をきたす乱流のこと

乱流には，道ばたで木の葉を渦巻くような小さなものから家屋を吹き飛ばしてしまうような大きなものまで，さまざまな大きさがあります．航空界で

表3 乱気流の強さによる分類

強度	飛行機の動き	機内の状態
弱 (light)	高度および機体の姿勢にわずかで不規則な変化が一時的に生じる．あるいは小刻みでリズミカルな振動が生じる．	乗客はシートベルトにいくぶんか締めつけられているように感じることがある． カップの中のコーヒーは波立つけれどもこぼれるほどではない． 固定されていない物も動き出すことはない． 機内食サービスは可能で歩行にも支障はない．
並 (moderate)	高度および機体の姿勢に変化が生じ急激な上下動や横揺れを感じるが，機体のコントロールに支障はない．	乗客はシートベルトに強く締めつけられているように感じる． 固定されていない物は移動してしまう． カップの中のコーヒーはこぼれてしまう． 機内食サービスや歩行は困難である．
強 (severe)	高度および機体の姿勢に大きく急激な変化が生じる．機体のコントロールが一時的に不可能になることがある．	乗客はシートベルトによって激しく押さえつけられる． 固定されていない物はほうり投げられたり床から浮いてしまったりする． 機内食サービスや歩行は不可能で，つかまっていないと立っていることも不可能である．
強烈 (extreme)	機体が激しく揺さぶられ，コントロールがほとんど不可能となる．機体が損傷を受けることがある．	同上

は，特に飛行機の運航に支障をきたす乱流を「乱気流」とよんでいます．乱気流は，滑走路上わずか数メートルから飛行機が巡航する高い高度まで，対流圏のいたるところに存在します．航空気象では，乱気流はもっとも注意すべき現象のひとつとしてあつかわれています．代表的なものとして，雲の中での乱気流，晴天乱気流，山岳波による乱気流，航跡乱気流*などがあります．それぞれの乱気流については後のほうでくわしく説明することにしましょう．

* 離着陸する飛行機の翼の端から発生する渦による乱気流のことです．大型の飛行機ほどこの翼の端から発生する渦の強さも大きくなります．

乱気流の強さによる分類

乱気流には，乗客に不快感や不安感を与えるだけ程度の弱いものから一時的に操縦困難になるような強いものまで強さもさまざまです．乱気流の強さによる分類を表3に示します．

「強」以上の乱気流が予想されている，あるいは飛行中のフライトから報告された場合には，そのエリアを飛行してはいけないことにしている航空会社が多いようです．

低層乱気流

特に高度500 m以下の低い高度での乱気流を「低層乱気流」といいます．空港周辺で低層乱気流があると，飛行機の離着陸の支障となり，ときには危険な状態になることもあります．低層乱気流はつぎのようなときに発生しやすくなります．

① 積乱雲が近くにあるとき

　積乱雲の中には強い上昇気流があります．また，その上昇気流のすぐとなりには雨が降ることによって引きずり下ろされた下降気流があることもあります．このように，上昇気流と下降気流がすぐ近くにあれば，当然周囲の気流は乱れてしまいます．

　また，発達した積乱雲からは激しい下降気流であるダウンバーストが生じることがあります．地面にぶつかったダウンバーストは四方八方に

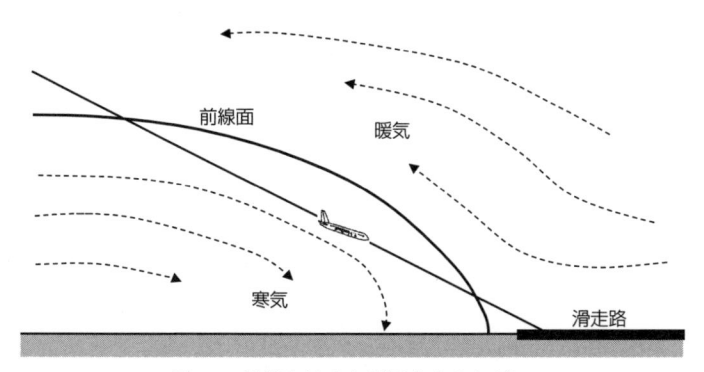

図32　前線をはさんだ風向きのちがい

広がっていくので，これもまた低層乱気流を引きおこします．
② 前線が通過するとき
　　前線が空港付近を通過するとき，前線をはさんだ温度差がおよそ5℃以上のとき，または前線の移動速度がおよそ15 km/時以上のときには低層乱気流が発生しやすくなります．
③ 建物と地形による影響
　　風速が12～15 m/秒を超えると，建物や地形の風下側に発生した渦が風下に流されはじめ，低層乱気流の原因となります．
④ 航跡乱気流
　　航跡乱気流も低層乱気流の原因となります．

4-02 雲の中を飛ぶとどうしてゆれるの？

　もくもくとした白い雲に入ったとたんにガタガタとゆれることがあります．これは，雲の中を飛行したときにおこった主翼のふるえが胴体に伝わり，ゆれとして感じられるからです．

　春から夏にかけてよくみられ，晴れた青空に浮かぶこのもくもくとした白い雲は「積雲」とよばれています．この雲の中を飛行機が飛ぶとゆれることが多いので，飛行機はできるだけ積雲の中に入らないようにします．

写真6　積雲

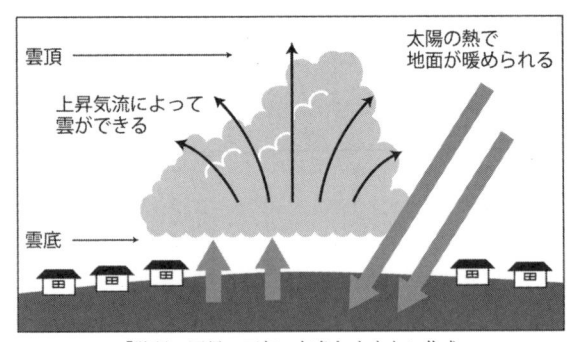

『学研の図鑑　天気・気象』をもとに作成
図 33　積雲のでき方

しかし，離陸直後や着陸直前など空港のまわりでは，安全上，ほかの飛行機とのあいだをあけなければならないので，管制塔からの指示によりやむを得ず積雲の中を飛ぶことがあります．

ところで「雲」ってなんだろう．なにからできているのかな？

雲の正体は水蒸気からできた小さな水の粒です．空気の中にはいつも水蒸気が含まれています．海，川，湖などの水面から水分が蒸発するので，水蒸気がなくなることはありません．空気中に含まれる水蒸気が多いことを，いつもは「湿度が高い」といいます．この水蒸気を含む空気が上昇気流に乗って上空に運ばれると温度が下がります．温度が下がるにつれ，その空気が含むことのできる水蒸気の量*が少なくなるので，余分になった水蒸気が凝結して小さな水の粒になります．これを雲粒といい，雲粒が集まったものが雲です．この雲粒ができはじめる高さが雲の底（雲底）になります．

積雲は，晴れた日に地面が太陽の熱で暖められ，その付近の空気が軽くなって発生する上昇気流によってつくられます．

積雲の中はとても忙しい

フワフワと優雅に浮かんでいて，止まっているようにみえる積雲の中でも，

* ある一定の温度のときに空気が含むことのできる最大の水蒸気量のことを「飽和水蒸気量」といいます．

雲の底の部分（雲底）では新しい雲粒がどんどんつくられて，また雲の頂の部分（雲頂）では消えていっています．このことは，高速道路の料金所を先頭とした渋滞によくにています．料金所からは支払いを終えた車がどんどん走り去っていきます．しかし，渋滞の最後尾には新たにその渋滞につかまってしまう車がどんどんやってきます．つまり，渋滞自体の長さが変わらないときでも，渋滞の中にいる車はつぎつぎに入れ替わっていることになります．このように，雲の中でも上昇気流によって

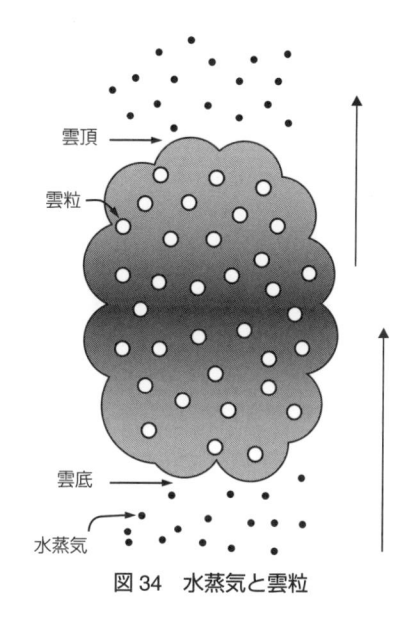

図34　水蒸気と雲粒

つぎつぎと雲粒が入れ替わっているのです．

　また，この積雲ができてからしばらくすると，雲粒が互いにぶつかりあいながら大きな水滴となり雨（降水）となることがありますが，そのときは周囲の空気が引きずられながら下降気流になるので，雲の中では上昇気流とともに下降気流も発生し，雲中の空気の流れはさらに忙しくなります．つまり，積雲の中ではいつも乱気流が発生していることになります．

翼のふるえが胴体に伝わってゆれてしまう

　飛行機の長い翼がこの積雲の中を進むと，翼全体のうちのある部分には上昇気流による上向きの力がはたらき，またある部分では下降気流による下向きの力がはたらきます．すると，翼の場所によって上向きだっ

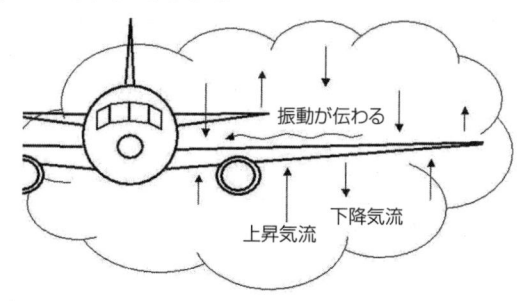

図35　翼の振動が胴体に伝わるようす

たり下向きだったりする、いろいろな力が加わるので、翼がよじれてふるえはじめます。自動車のタイヤが路面のデコボコによるゆれをおさえるためにへこむのとおなじように、飛行機の翼も上下にしなってふるえを弱めたりおさえたりしていますが、おさえきれずに胴体に伝わったふるえがガタガタとしたゆれとして感じられるのです。

積雲と積雲のあいだは下降気流

この積雲が水平に散らばって発生していると、雲の中では主に上昇気流になっていて（下降気流も同時にある場合がありますが、全体的には上昇気流のほうが強くなっています）、雲と雲のあいだの部分では下降気流になっていることがあります。飛行機がこのような積雲のあいだを縫いながら飛ぶと、ガタガタとしたゆれにプラスして、フワッとしたエレベーターに乗っているときのようなゆれを体験することになります。

このようなゆれは、シートベルトを着用していれば安全上は問題ありません。しかし、飛行機が苦手な人だけではなく、だれにとってもあまり気分がよいものではありません。

写真7　飛行機の窓から見た積雲（高度 1800 m 付近にて）

4-03 晴天乱気流って特別な乱気流なの？

晴天乱気流って何？

前節では，雲の中には乱気流があるので飛行機が雲の中を飛ぶとゆれてしまうことがわかりました．ジェット機が就航するよりも前には雲よりも高いところを飛ぶことはできませんでした．そこで，当時は雲の上の晴れた世界には乱気流はないだろうと思われていました．しかし実際に飛行してみると，雲のない上空でもかなり強い乱気流があることがわかりました．この雲のないところ，つまり晴天のときにおこる乱気流を「晴天乱気流（CAT：clear air turbulence）とよんでいます．

晴天乱気流は特別に注意が必要である

中緯度地帯の高度9～14 kmの上空にはジェット気流というものすごく流れの速い空気の川があります．晴天乱気流は，このジェット気流の周辺でおこる大気の大きな乱れなのです．この晴天乱気流は，航空界では特別な乱気流として注意深くあつかわれています．

最近では，2007年5月31日アムステルダムから関西空港に向かっていたKLMオランダ航空機が，ロシア上空で晴天乱気流と思われる乱気流に巻き込まれました．関西空港到着後，日本人乗客ら7人とオランダ人客室乗務員3人が病院に運ばれましたが，幸いにも全員が軽傷だったそうです．

特別な理由　その1—予測がむずかしい生き物である

晴天乱気流は雲がないところに発生するので，気象レーダーで観測することができません．そのため，晴天乱気流の予報は可能性のある空域を広い範囲で指定するようなもの（専門的には，「ポテンシャル予報」といいます）

になってしまいます．具体的には「この範囲（緯度・経度を用いて三角形や四角形などで示される）のどこかで中程度の晴天乱気流発生の可能性あり」というようなものです．その範囲もときには日本列島全体がスッポリ収まってしまうくらいの広さのことがあります．

ほんとうは晴天乱気流の予報域を避けて飛行したいのですが，範囲がとても広いために現実的ではありません（きょう飛行機はまったく飛べません！みたいなことになってしまう）．したがって，予報されている晴天乱気流の強さが中程度以下の場合には，パイロットに十分な注意と情報を与えたうえで飛行しています．実際にその予報空域を飛行しても，操縦に影響があるような乱気流に出会う確率は 0.1〜0.2% とかなり低いのです．

もしも晴天乱気流に出会ってしまったら，パイロットは管制官や自社の運航管理者に報告します．後続機や周辺を飛行する飛行機への重要な情報となるからです．しかし，やっかいなことは，晴天乱気流は生き物のようにいつまでもそこにいてくれないのです．実際に報告があった場所で同じ高度であっても，20 分後にはとてもスムースで乱気流のきざしもなかったということはいたってあたりまえのことです．ここにいたかと思えば今度はあっち，晴天乱気流はまさに「もぐらたたき」のようなものなんです．

特別な理由　その 2 ─ いきなりやってくる

晴天乱気流は正確な予測がむずかしく，レーダーで監視することもできないので，出会ってしまうときにはいきなりになります．高速道路を順調に走っているときに突然砂利道に突っ込んでガタガタゆれたと思ったら，つぎの瞬間にはジェットコースターで急激に落下！　みたいな感じになります．いつやってくるかわからない晴天乱気流から身を守る安全で確実な方法は，やはり「シートベルトの着用」なのです．

ちなみに，晴天乱気流に巻き込まれると飛行機にも大きな力が加わりますが，機体はそのような力にも耐えられるように設計されていますのでどうぞご安心ください．

コラム 「満天の星空だった」

　1997年12月28日，成田からホノルルに向かっていたユナイテッド航空826便（B747型ジャンボ機）が，成田からおよそ1800 km東方の太平洋上で晴天乱気流に巻き込まれて急降下しました．結果，乗客1名が死亡，乗客乗員あわせて129名が重軽傷を負う惨事となってしまいましたが，機長はこの乱気流の大きさを"強（severe）"と報告しました．
　筆者は後にこの機長と話をする機会がありました．機長は夜間であったけれども晴天乱気流であったことを説明するために「満天の星空だった！」（英語で）といったのを印象深くおぼえています．

4-04 シートベルトはいつもしていろ!!

大きな勘違いをしていませんか？

　飛行機が離陸して一定の高度に達すると，機長はシートベルト着用のサインを消します．すると，機内のあちこちからカシャカシャとシートベルトをはずす音が聞こえてきます．しかし同時に「機長はシートベルト着用のサインを消しましたが，安全のため着席中はシートベルトの着用をお願いいたします」というアナウンスも聞こえてきます．ベルトをすでにはずしてしまった人は，サインが消えても着用しなければいけないのならサインを消さなければいいのに，と思うかもしれません．でも，これが大きなまちがいなのです．必要もないのにベルトをはずしてしまった人は，たぶん危険を感じていないからだと思いますが，飛行中の機内は常にゆれる可能性があるのです．サインが消えたのは安全だからではなく，「トイレに行くなどの用がある人はいまのうちに早くすませてください」と理解するべきなのです．機長は先行機や地上からの連絡，さらには機上レーダーの情報を長年の経験と照らし合わせてシートベルト着用のサインの点灯を決断します．だから，サインが点灯したときには危険性がさらに高まったと思ってください．

　客室乗務員は，「シートベルトをお締めください」とお願い（ほんとうは注意）しながら機内をまわりますが，「トイレに行きたい」とか「子どもを

写真8　シートベルト着用サイン（右側．ユナイテッド航空機，著者撮影）

起こしたくない」などという大きな勘違いをしている乗客からの"反論"にいつも苦労しています．

シートベルト着用の意味

　飛行機が晴天乱気流に巻き込まれて負傷者が出るような事故がときどきあります．ここで興味深いことは，負傷者の大半が客室乗務員であることが多いことです．また，客室乗務員だけが負傷したということもあります．この理由は，乗客はシートベルトを着用していたけれども，客室乗務員は乗客がシートベルトを締めているかどうか確認中で機内を歩き回っていたためだと思われます．乱気流でケガをする人の多くはシートベルトを着用していない人なのです．客室乗務員にとっては，まさに"泣きっ面にハチ"です．

　強い乱気流に巻き込まれると，人間を含めて固定されていないものは宙に浮いて天井にだってぶつかります．シートベルトはそのようなときに体がどこかに飛んでいってしまわないように押さえておく役目をしています．だから，着席時は常にシートベルトを締めておかなければならないのです．

客室乗務員だって着席します

　乗客が安全ならば客室乗務員はどうだっていい，というわけにはいきません．そこで，航空会社によっては飛行中に予期せぬ乱気流に出会ってしまったときには，機長がシートベルト着用サインを3〜4回点滅させ注意をよびかけたうえで点灯し，同時に乗客・客室乗務員ともに着席してシートベルトを締めるように指示するアナウンスをすることにしています．これにより，客室乗務員の座り遅れによるケガを防ぐことができるからです．乗客も客室乗務員も自分の身は自分で守らなければならないのです．

シートベルトをしないと罰金になるの？

　航空法の規定により，正当な理由がなく機長の指示どおりにシートベルトを着用しないと，50万円以下の罰金に処せられます．
　みなさんも眠りに入る前には必ずシートベルトを再チェック！　また，お子様連れの人は子どものシートベルトもしっかり確認してあげてくださいね．

4-05 無くなった「エアポケット」

　プロペラ機の時代にはよく使われていた「エアポケット」ですが，最近ではあまり耳にしないような気がします．エアポケットをそのまま日本語に訳すと「空の穴」になります．空の穴に落ちてしまう！　なんていったら一大事，4次元空間にでも迷い込んでしまいそうですが，どうぞご安心ください．大気の中に穴が開いているはずはありません．飛行機は常に空気に包まれて飛んでいます．では，なぜエアポケットなんて表現が生まれたかというと，乱気流のなかで気流が下向きになっているところ（下降気流域）に飛行機が入ってしまうと，飛行機は急激に降下し，まるでジェットコースターに乗ったかのように落ちていく感じがするからです．このことを想像力豊かにあらわしたのが「エアポケット」だったんです．ひどいときには機内の固定されていないものは，コーヒーカップであろうと，客室乗務員が押している機内食のカートであろうと，はたまたシートベルトを締めていない人だって，宙に浮き，場合によっては天井にたたきつけられてしまいます．記録によると，70秒間も落下し続けて2000 m以上も機体が降下してしまったことがあるそうです．

　ちなみに，「エアポケット」という表現は，最近あまり使われなくなりましたが，そのような状況が無くなってしまったわけではありません．いまでも「乱気流」の一部として航空界では十分な配慮と対応がなされています．

4-06 山岳波って何？

　強い風が山を超えるときに山の風下側で発生する乱気流を「山岳波」とよびます．山岳波は気流が上空で大きく上下に波打つので，飛行機の運航には大きな障害となり，ときには危険な状態になることだってあるんです．

　山岳波のでき方について図36を見ながら説明しましょう．風が山にあたると山肌に沿って上昇します．上昇した空気は気圧が低くなるので膨張して冷たくなり，まわりの空気より重くなります．そこで，山頂を越えた空気は下降しはじめます．ある程度下降するとこんどは気圧が高くなるので空気は圧縮されて暖かくなり，まわりの空気よりも軽くなってふたたび上昇をはじめます．このような下降気流とその反動の上昇気流の繰り返しにより，大き

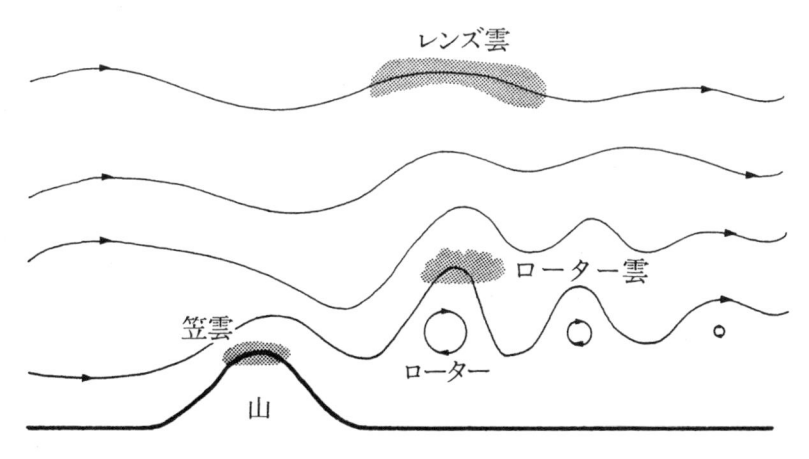

『最新　天気予報の技術　改訂版』より
図36　山岳波のでき方

く波打つ乱気流が発生するのです．おもりをつけたバネを上下に動かしながら（バネを伸び縮みさせながら）カーテンレールにぶらさげて滑らせているようなイメージです．この上下の波動は，多いときには十数回にもおよびます．山岳波は一度発生すると数時間から長ければ数日間も続くことがあります．

　大気が湿っているときは，上昇気流の部分で凝結がおこり雲ができます．山の上にできる雲を笠雲といい，風下側にできる雲をローター雲，また風下の上空にできる雲をレンズ雲といいます．このような雲によって山岳波があることを知ることができますが，大気が乾燥しているときには雲はできないので特に注意が必要となります．山に強い風があたれば，雲の有無にかかわらず山岳波にともなう乱気流が発生するからです．

　1966年3月，羽田発香港行きのBOAC（現在の英国航空）機が富士山風下の太郎坊付近に墜落した事故は，この山岳波による乱気流が原因だといわれています．

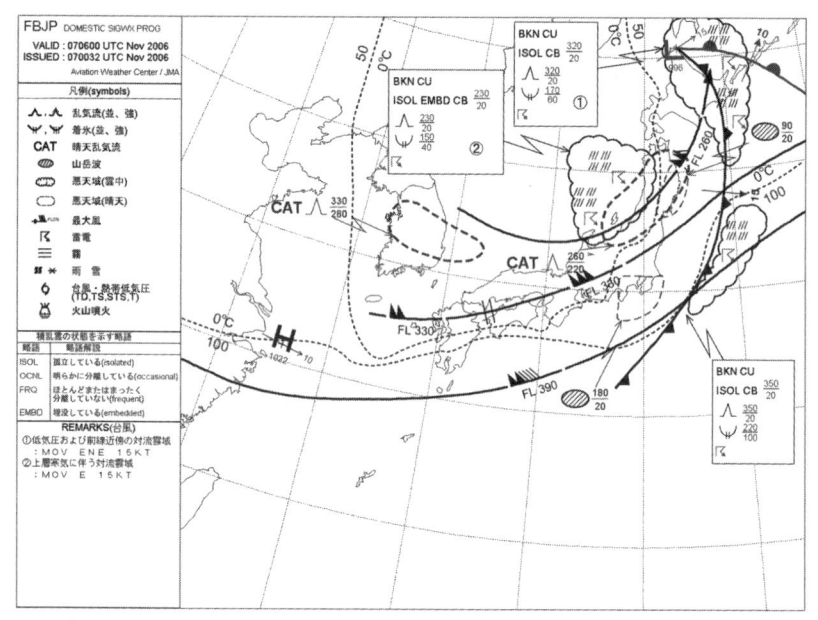

富士山を中心とした扇形の破線が山岳波の予想域．2000〜18000フィートの高度に予想されている．

図37　国内悪天予想図（気象庁提供）

4-07
乱気流の観測や予測の方法は？

乱気流の観測

　乱気流は高い高度で発生する晴天乱気流と低い高度で発生する低層乱気流などに分けることができます．高い高度で発生する晴天乱気流は雲がないところに発生するので気象レーダーには映りません．したがって，晴天乱気流の観測についてはパイロットからの報告がもっとも有用なものとなります．また，低高度での乱気流の場合には空港気象ドップラーレーダーやウインドプロファイラなどによって観測することができます．

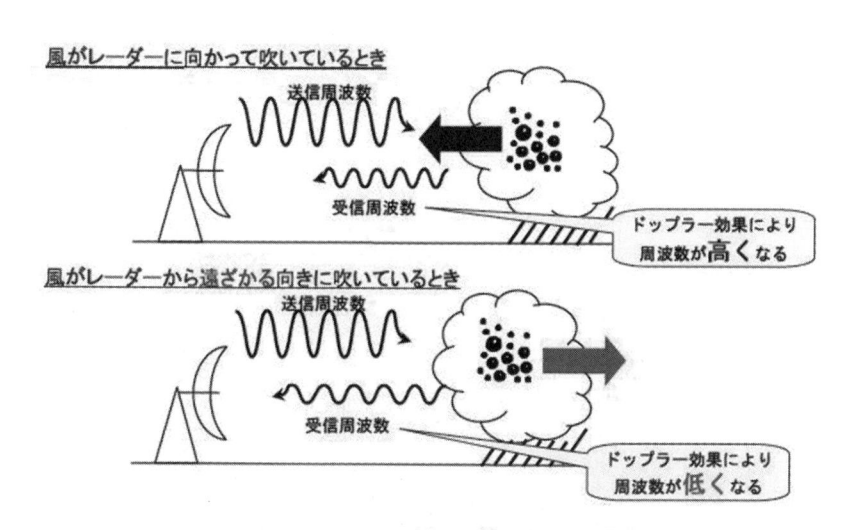

風がレーダーに向かって吹いているとき
送信周波数
受信周波数
ドップラー効果により周波数が**高**くなる

風がレーダーから遠ざかる向きに吹いているとき
送信周波数
受信周波数
ドップラー効果により周波数が**低**くなる

気象ドップラーレーダーは、受信信号を処理し、ビーム方向の風速を算出。

「気象庁の風観測について」より

図38　ドップラー効果のイメージ

4 乱気流と飛行機

　空港気象ドップラーレーダー：いままでの気象レーダーは雨粒の位置や強度はわかりますが，その動きはわかりません．ドップラーレーダーは，救急車のサイレンの音が近づいてくるときには高く聞こえ，遠ざかっていくときには低く聞こえること，つまりドップラー効果を利用して雨粒の動いている方向と速度を測定することができます．これにより，雨粒の動きのもととなる風速や風向に関する情報を得ることができるので，低層乱気流などを見つけるためには欠かせないものになっています．
　気象庁は，わが国の主要8空港（新千歳，成田，羽田，中部，伊丹，関西，福岡，那覇）に，自衛隊は2空港（小松，米子）に空港気象ドップラーレーダーを設置し，空港から半径120 km以内の雨や風の分布を観測しています（2007年現在）．
　ウインドプロファイラ：空港気象ドップラーレーダーと同じくドップラー

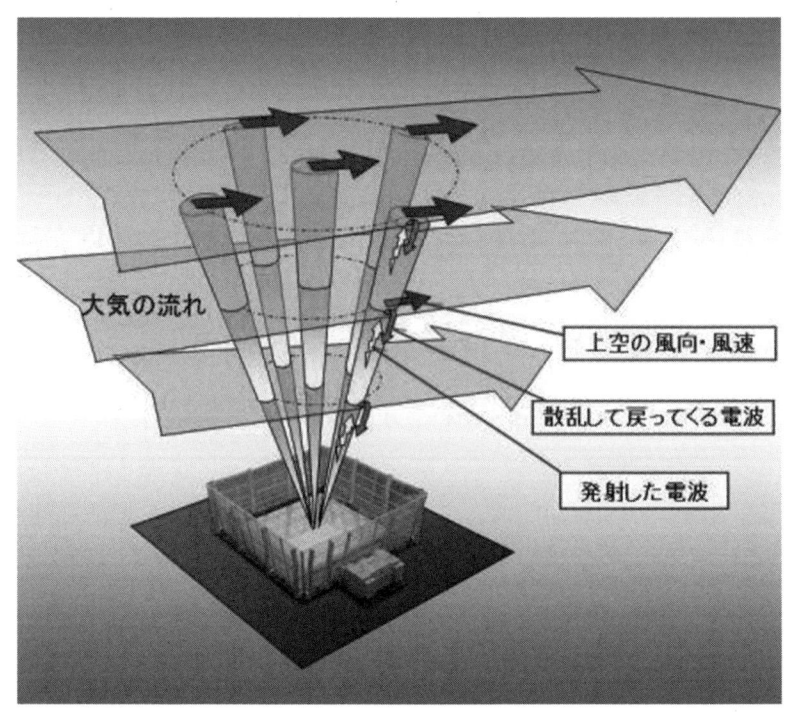

図39　ウインドプロファイラの観測原理［気象庁ホームページより］

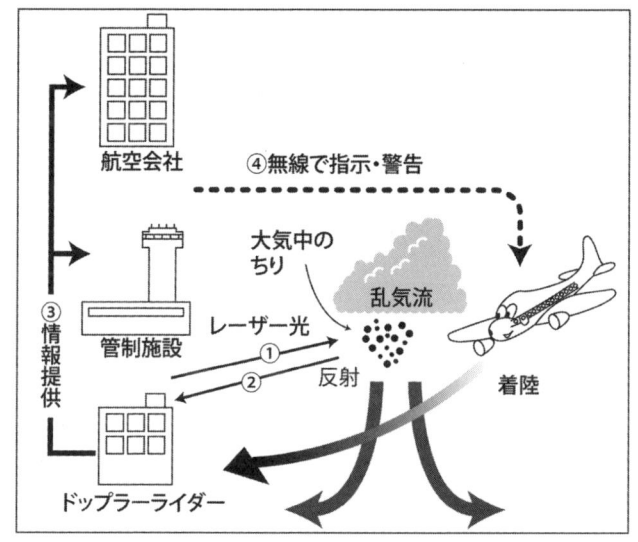

[図省略]

[朝日新聞 (2006 年 11 月 24 日) をもとに作成]
図 40 羽田空港のドップラーライダーのしくみ

効果を利用し，上空の 5 方向に向かって発射された電波によって大気中の風の乱れなどを観測する施設です．ウインドプロファイラは全国 31 か所に設置され，上空の風を高度 300 m ごとに 10 分間隔で観測しています．降水のないときには上空約 3～6 km まで，降雨時には上空約 7～9 km までを観測できます．

ドップラーライダー：2007 年 4 月 10 日，国内の空港では初めてとなる新型レーダーの一種「ドップラーライダー」の運用が羽田空港で始まりました．このドップラーライダーは赤外線レーザー光を大気中の小さいちりにあてることにより，半径 10 km 以内の風速や風向きを観測するシステムです．ドップラーレーダーには，降雨がないと十分に観測できないという欠点があるのに対して，ドップラーライダーを用いると晴天時の突発的な風の乱れをとらえることが可能になります．成田空港においても 2008 年 4 月からドップラーライダーの正式運用が開始され，気象庁では，2008 年度中にドップラーレーダーとドップラーライダーを組み合わせた「全天候型低層ウインドシア情報」の提供をめざしています．

乱気流予測の手法

　乱気流の多くは寿命も短く小さいサイズの気象現象で，現在の技術ではいつどこで発生するかを正確に予測することはできません．空港での気象情報も何時から何時の間に低層乱気流が起こる可能性あり，というような可能性を示すだけ*で具体的な時間は明記されません．したがって，ナウキャストに頼るしかありません．現状では，空港気象ドップラーレーダーからのデータ，パイロットからの報告，気象予報官の知見にもとづいた短時間の予報（ナウキャスト）をパイロットや運航管理者に伝え，乱気流を避けて飛ぶような方法がとられています．

　気象庁では，衛星画像，ウインドプロファイラ，ドップラーレーダー，飛行機から自動的に送られてくる気象データなどを用いて乱気流を予測する新しいツールや数値予報の研究開発に日々努力をしています．

　＊　このように可能性だけを示す予報を，専門的には「ポテンシャル予報」といいます．

5-01 空港と霧

霧と雲のちがいは何？

霧と雲のちがいがなんだかわかりますか？ 実は，霧も雲も同じものなんです．雲が地面に接したものが霧であると思えばよいでしょう．もう少しくわしく説明すると，霧はたくさんのごく小さい水滴が空気中に浮かび，水平視程が1km未満になる現象のことです．ここで視程とは，水平方向に樹木や建物などの形を見分けられる距離のことで，水平視程とは，人の目の高さの視程のことです．水平視程が1km以上10km未満のときは「もや」といいます．霧が薄くなったものがもやで，もやも雲のなかまです．

霧はどうして発生するの？

霧は，水蒸気を十分に含んでいる空気（湿っている空気）が何らかの理由で冷やされたときに発生します．また，風が弱いときのほうが霧は発生しやすくなります．なぜなら，霧が発生しても風が強いと吹き飛ばされてしまうからです．霧が発生する原因，すなわち空気がどのようにして冷やされるかはいろいろあります．おもな原因別に霧を分類すると，放射霧，移流霧，蒸発霧，滑昇霧，前線霧の5種類になります．

霧が発生しやすい空港の具体例

釧路空港は海岸からおよそ6kmと海に近いため，暖かく湿った空気が冷たい海流の上を流れることにより発生する海霧（移流霧）が流れ込みやすい立地条件にあります．この海霧は，春先から夏にかけて北海道の太平洋岸から三陸沖にかけて多く発生します．さらに，釧路空港の東側には釧路湿原が広がることも霧の発生を助長していると考えられます．

また，実際に霧が発生するときにはいくつかの原因が重なっているときもあります．たとえば，成田空港では特に夏場において，夜間に顕著に冷え込むことと海岸から比較的近いため海上の湿った空気が流れやすいことから霧の発生が多くなっています．この2つの理由から考えると放射霧と移流霧の両方が原因であることがわかります．
　こんど霧を見たときにはどのような原因で発生したのか考えてみてください．

コラム　霧以外に視程を悪くする現象

　霧のほかにもつぎのような現象は視程を悪くして飛行機の運航に影響を与えることがあります．

・降水（雨や雪など）

　水または氷の形で空から降ってくるもの，雨，雪，あられ，ひょうなどを降水といいます．ふつうの強さの雨の場合は 2 km 程度の視程がありますが，集中豪雨のような強い雨になると視程はとても悪くなります．雪の場合は雪の大きさや量によって視程は大きく変わってしまいます．ふつうの雪のときには数百 m の視程がありますが，大雪のときには数 m 先も見えなくなることがあります．積もった雪が強い風によって地面から吹き上げられた地吹雪も水平視程（人の目の高さでの視程）を非常に悪くすることがあります．

・煙霧

　工場や住宅の煙突からでる煙に含まれるすす，あるいは自動車の排気ガスに含まれる不完全燃焼物などの目に見えない小さな粒子が空中を漂っている現象です．都会の上空がモヤッとしているのはこの煙霧によることが多く，煙霧は大都市の上空にはいつもあると思ってもまちがいではありません．

・煙

　いうまでもなく工場などの煙突からはき出された白や黒色をした小さな粒子が大気中を漂っている現象です．工場地帯に近い空港では，風向きによっては視程がおおきな影響を受けることがあります．また，山火事のような森林火災から広がる煙も長時間にわたる視程障害の原因となります．

・砂じんあらし

　土ほこりや砂が強い風によって激しく吹き上げられた現象のことです．水平視程が 1 km 未満になることもあります．

・黄砂

　モンゴルおよび中国北部で吹き上げられた黄色い砂が空を覆ってしまう現象です．飛行機から地上が見えなくなってしまうこともあります．

5-02 いつも乗っている飛行機は有視界飛行？　計器飛行？

ジェット旅客機などの定期旅客便の運航は，すべて計器飛行で運航されています．専門的には「計器飛行方式」といいます．

有視界飛行方式

パイロットが自分自身の目で地表，地上の障害物，他の飛行機，雲などを確認しながら飛行機を操縦する飛行方式を「有視界飛行方式」といいます．有視界飛行方式による飛行中は，常にある一定の基準以上の視界（有視界気象状態という）が確保されていなければならないことになっています．したがって，気象条件の変化には大きな制約を受け，雲があるだけで飛行ができなくなることもあります．一方，この飛行方式では雲の中には入らないので，

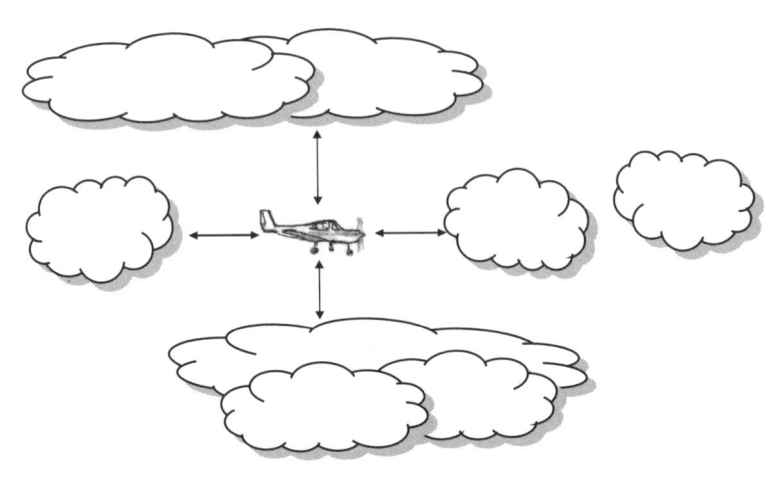

上下前後左右の一定範囲内に雲がないことが条件となる
図41　有視界気象状態

雲中の天気の悪さを考える必要はありません．有視界飛行方式の場合，パイロットは自分の判断で障害物などとの間隔を保ち，衝突しないように操縦しなければなりません．主に，セスナなどの小型の飛行機やヘリコプターの飛行に用いられる方式です．

計器飛行方式

　管制官からの管制承認（クリアランス）を受けて飛行機を操縦する飛行方式を「計器飛行方式」といいます．計器飛行方式による飛行中，パイロットは飛行ルートや飛行する方向，スピード，高度などについて，地上にいる管制官からの無線の指示を受けながら操縦します．管制官はレーダー・スクリーンなどをモニターしていて，飛行機どうしが衝突したり接近したりしないように監視しながらそれぞれの飛行機に指示を出しています．したがって，パイロットは雲の中などの視界が悪いときでも，管制官から指示された内容（高度，スピード，飛行方向など）のとおりに操縦していれば安全に飛べるのです．実際にはそのようなわけにはいきませんが，車の運転にたとえてみると，霧でまったく視界がないときでもカーナビにいわれたスピードで，また「もうちょっと右」のような指示のとおりに運転していれば安全に目的地に向かえるというようなものです．

　さらに自動操縦の場合は，調整することも飛行機にまかせることができます．たとえば，高度 8000 m を飛行中に管制官から高度 1 万 m に上昇してそれを維持するように指示された場合，自動操縦装置に高度 1 万 m と入力すれば，飛行機は自動的に上昇をはじめ高度 1 万 m に達したところで上昇をやめ，きちんと水平飛行に移ります．この間，パイロットは操縦桿を握っている必要はありません．

　このように，有視界飛行方式では飛ぶことができない気象条件のときでも計器飛行方式を用いれば安全に飛行できるので，安全面からもそして定時運航の観点からも定期便の運航は計器飛行方式でおこなわれています．

　計器飛行をおこなうためには，必要な電子機器が飛行機に装備されていることが前提となり，またパイロットは通常の操縦免許のほかに計器飛行の免許（国土交通大臣による計器飛行証明）も持っていなければなりません．

6-01 積乱雲はなぜ怖いの？

積乱雲の中は激しい天気のオンパレード

積乱雲は，もくもくとした真っ白い雲が空高くまで発達したものです．高く盛り上がって丸くなった雲の頂上が大入道に見えることから入道雲とよばれたり，雷雨による大雨を降らせることから雷雲とよばれたりもします．遠くからは真っ白に輝き雲の上がカリフラワーのようにもくもくしていてとても美しく見えますが，積乱雲の中や下ではたいへんなことになっているのです．積乱雲の中には上昇気流，下降気流，雷，ひょう，乱気流，着氷などがあり，地表付近では集中豪雨，突風，落雷，降ひょうなどの激しい天気となります．ときには竜巻を発生させてとても大きな被害を与えることだってあります．飛行機の運航にとっても要注意の現象ばかりなので，可能な限り積乱雲は避けて飛びます．

機上のレーダーで常に監視している

昼間に飛行しているときはパイロットの目で積乱雲を確認することができます．しかし，夜間や雲の中を飛行しているときには目で確認することはむずかしくなります．そこで，機首の先端の丸くとがった部分には気象レーダーが備え付けられていて，操縦席では常に積乱雲の監視をすることができるようになっています．パイロットは，積乱雲を見つけたときには管制官に対して回避するための迂回のリクエストをします．管制官はこのリクエストを受けたときにはできるだけリクエストに応え，迂回ルートを指示するようにしています．発達中の積乱雲は高度が 10 km 以上にもなるので，通常は積乱雲の風上となる横方向に回避します．なぜなら，積乱雲の風下側は雲がなくても強い乱気流があることがあり，また，ひょうが風に流されて舞ってい

雲の頂上の部分が上空の風によって流されてたなびいています．上空の風は写真の右から左の方に向かって吹いていることがわかります．

写真9　積乱雲

ることがあるからです．積乱雲を飛び越えるように上の方に回避する場合は，最低で 1500 m，できれば 3000 m 積乱雲から間隔をあけて飛ぶようにします．

このように，積乱雲を回避しながら飛ぶときには機長は念のためシートベルト着用のサインを点灯しますが，たいていの場合は軽いゆれ程度ですんでしまいます．サインが消えたときに何でもなかったじゃないか！　と思うかもしれませんが，積乱雲の周りは油断ができず，いつ大きくゆれてしまうかわからないのです．ほんとうは，ゆれなくてよかった！　と思うべきなのです．

積乱雲が空港の上空にある場合

積乱雲が空港の上空にあるときには，着陸機は空港への降下進入を控えます．空中での待機（ホールディング）で天候の回復を待ちますが，残りの燃料が少ないときなど場合によってはダイバージョンも検討しなければならなくなります．出発機の場合，出発の準備が整っても駐機場でスタンバイすることになりますし，また，滑走路に向かっているときは誘導路上で天候の回復を待つことになります．

6-02 飛行機に雷が落ちることがあるってほんとう？

　飛行機にも雷は落ちます．しかもそれはめずらしいことではありません．しかし，飛行機が雷を受けた（被雷＊した）場合でも，すぐにその電気を空中に逃がす放電装置が備えられていますので，乗客が感電することはありません．また，機体が大きな損傷を受けることもありません．被雷の瞬間に機体がゆれたり大きな音がしたりすることはありますが，被雷したことに乗客が気付かないことも多くあります．

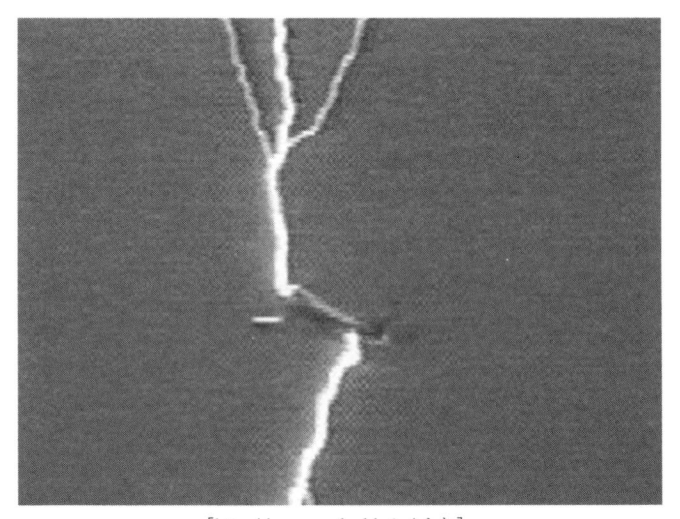

［http://www.zenk.sblo.jp/ より］
写真10　飛行機への落雷

＊　雷は積乱雲の中にできた大きな電位差を解消するためにおこる放電現象です．雷放電には，雲の中でおこる「雲間放電」と雲と地面の間でおこる「落雷（対地放電）」の2種類があります．したがって，「飛行機に雷が落ちる」のではなく，「飛行機が雷を受ける（被雷する）」といったほうが正確になります．

雷を避けることはできないか？

　雷雲とよばれる発達した積乱雲は，雷のほかにも乱気流やひょうなどの悪い気象状況を伴うことが多いので，パイロットは常に気象レーダーに注意を払い，できるだけ雷雲を避けて飛ぶように心がけています．また，空港の真上や近くに雷雲がある場合には，離着陸を見合わせることもあります．

　しかし，降下中や上昇中のときなど，交通管制の関係でどうしても迂回できないときには被雷してしまうことがあります．「落雷」とは雲と地面の間に瞬間的に大電流の電気が流れることですが，雲と地面の間に飛行機が入ることがきっかけとなって飛行機を介して落雷することもあります．

　上空では雷は必ずしも上から襲ってくるとは限りません．雷雲と飛行機の位置関係により雷は下からも横からも縦横無尽に襲ってきます．また，雷雲から離れて飛行していても被雷してしまうことがあります．

雷の電気を逃がす方法

　飛行機には，雷が落ちたときにその高電圧の電気をすぐまた空中に逃がしてやる放電装置が備えられています．それは「静電放電装置」とよばれる長さ10 cmほどの避雷針で，主翼と尾翼の後端にとりつけられています．ジャンボ旅客機には，この避雷針が50本以上もあります．雷の電気は機体のとがった部分から抜けていく傾向があるので，この細い針のようなものから放電できるようになっているのです．

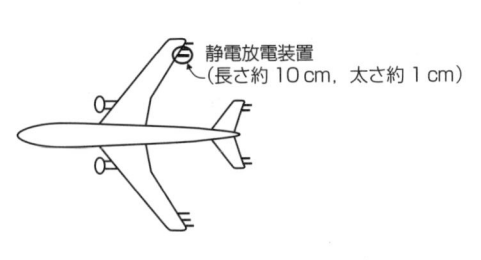

図42　静電放電装置

思わぬ「落雷」対策？

　空港とその周辺には管制塔以外の高い建物がありません．飛行機のじゃまにならないように法律で制限されているからです．したがって，この平坦な空港は落雷の可能性が高いスペースになってしまっているのです．もちろん，

管制塔をはじめターミナルビルなどの建物，照明灯には避雷針が取り付けられていますが，空港のすべてのエリアをカバーできているわけではありません．

　駐機している飛行機のまわりでは多くの人が作業をしています．特に出発間際のときには，手荷物や貨物の搭載，機体の最終チェック，給油などの作業がおこなわれています．もしも駐機中の飛行機に雷が落ちたら，飛行機の周辺で働く人々は感電してしまいますし，また，飛行機に給油中の場合は火災が起きるかもしれません．また，人体に直接雷が落ちることだってあるんです．したがって，雷雲が空港に近づいてきて落雷のおそれがあるときには，出発間際でもう少しで作業完了というところでも，駐機場周辺での屋外作業は一切中断して屋内に避難することにしています．

写真11　静電放電装置（ユナイテッド航空機，著者撮影）

6-03
飛行機にひょうがあたったら？

飛行機にひょうがぶつかることがあるの？

　積乱雲の中でひょうが上昇や下降を繰り返しているのは，3000～9000 mの高度です．この高度は飛行機が上昇や降下のために通過する高度であるとともに，巡航中にも飛行する高度です．ただし，積乱雲の中にはひょう以外にも要注意の現象がたくさんあるので，できるだけ積乱雲は避けて飛びます．したがって，ひょうが飛行機にあたることはほとんどありません．しかし，ひょうは積乱雲よりも上の雲のないところまで吹き上げられていることもあり，また，積乱雲の風下側 8 km も先の雲がまったくないところまで飛ばされていることもあります．積乱雲を避けて飛んでいるときでも，ほんの少しですがひょうがあたってしまう可能性があるのです．さらには，着陸のために最終進入中で進路の変更ができずに思わずひょうにあたってしまう可能性もあります．

飛行機だってダメージを受ける

　氷の固まりが空から降ってくるわけですから，ひょうが降ると大きな被害を与えます．人間にあたればケガをしますし，当たりどころが悪ければたいへんなことになります．そのほかにもガラスが破損したり車がへこんだり，農作物だって大きなダメージを受けます．
　そんなひょうが飛行機にあたったら，特に大きなひょうの場合は，機首の気象レーダーのカバーが脱落する，操縦席のガラスにひびが入る，主翼や尾翼の前端部には無数のへこみができる，エンジンが損傷するなどの大きなダメージを受けることがあります（写真 12 参照）．

写真 12　ひょうによってダメージを受けた飛行機

コラム　ひょうはどうしてできるの？

　ひょうとは，積乱雲の中でできる氷の粒で直径が 5 mm 以上のもののことです（直径 5 mm 未満の氷の粒はあられといいます）．ひょうは積乱雲の中で強い上昇気流に吹き上げられながら大きく成長します．大きくなって重くなると落下してきますが，再び上昇気流によって上空に運ばれ，また大きくなります．このように何度も上昇と下降を繰り返すうちにどんどん大きくなっていくのです．ひょうの大きさはゴルフボールくらいまでのものがほとんどですが，リンゴくらいのものが降ることもあります．1917 年には埼玉県でカボチャ大のひょうが記録されています．
ほとんどの発達した積乱雲の中にはひょうが存在すると考えられますが，多くの場合は地上に落ちる前に溶けてしまいます．

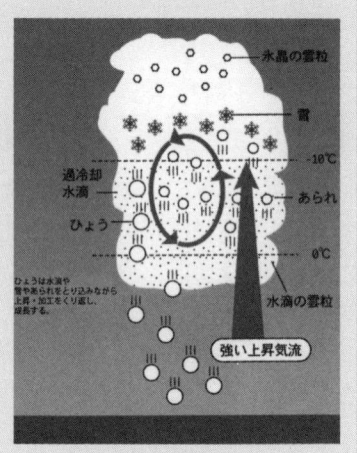

『楽しい気象観測図鑑』より
図 43　ひょうのでき方

6-04 恐怖のダウンバーストって何？

ダウンバースト（下降噴流）とは，積乱雲から生じる，冷えて重くなった下降気流（雲から地面に向かって吹く下向きの風）のことです．この下降気流は地面にぶつかると突風となり，放射状に周囲に吹き出していきます．吹き出しの水平的な広がりは数 km 以下のことが多く，寿命は短くほとんどが 10 分程度以下になっています．突風の風速は最大 75 m/秒にもおよび，吹き出し口の直径が 4 km 以下のものを「マイクロバースト」，これより大きいものを「マクロバースト」とよびます．

ダウンバーストは，現象スケールが小さく，突発的で予測がきわめて難しいやっかいなしろものです．激しい擾乱をおこしますので，飛行機の事故をよぶことで大変恐れられています．1970〜1980 年代にアメリカでは 10 件以上のダウンバーストが原因とされる民間航空機事故が起こりました．これらの事故をきっかけに多くの研究プロジェクトが実施され，ダウンバーストの存在と脅威が確認されました．

ダウンバーストはなぜ恐いのか？

図 44 の左から降下経路に沿って着陸しようとする飛行機は，まずダウンバーストによる向かい風を受けて揚力が急激に強まります．そのために機首は上がり，機体は降下経路よりも上の方にずれていきます．パイロットは正常な降下経路に戻すために機首を下げ推力を落とします．つぎに向かい風が突然弱まるので揚力が減少するとともにダウンバーストの下降気流を受けて機体が降下します．さらに，今度は追い風を受けることになるので揚力を失って失速状態となり，ついには地面に接触してしまいます．

6 積乱雲／雷と飛行機

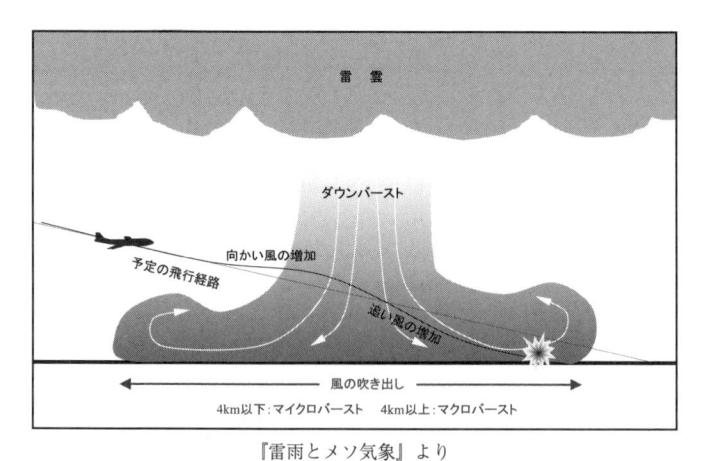

『雷雨とメソ気象』より
図44　飛行機事故をよぶダウンバースト

ダウンバースト発生のメカニズム

　まず，積乱雲の中の雨粒によって周囲の空気が引きずり降ろされて下降気流が発生します．この雨粒の落下中に乾燥した空気の層があると，雨粒は急激に蒸発して気化熱が奪われるために，空気は周囲よりも重くなり下降気流のスピードは速くなります．さらに，この下降気流の中で蒸発が進めば空気はさらに重くなり下降気流のスピードはどんどん速くなっていきます．このようなメカニズムによって，ダウンバーストの強い下降気流は発生します．

　ダウンバーストの探知や予防策については，このつぎの6-05「マイクロバーストアラート」で離着陸できないって？　で説明します．

6-05 「マイクロバーストアラート」で離着陸できないって？

マイクロバーストは，大きさが4km未満の小型のダウンバーストで，寿命が10分以下のことがほとんどです．このため，通常の気象レーダーや地上の風向風速計で探知することはできません．

マイクロバーストの探知方法

マイクロバーストは，空気の流れや移動方向，移動速度を観測することによって探知できます．現在，「空港気象ドップラーレーダー」というレーダーが開発され，危険となる風の急激な変化を探知し，その情報を警報としてパイロットに伝えることでダウンバーストが回避できるようになりました．

2007年現在，空港気象ドップラーレーダーは気象庁が設置した8空港（新千歳，成田，東京，中部，大阪，関西，福岡，那覇）と自衛隊が設置した2空港（小松，米子）で運用されています．今後も順次，他の空港に整備されていく予定です．

[中部航空地方気象台ホームページより]
写真13　航空気象ドップラーレーダー（中部国際空港）

マイクロバーストアラート

着陸経路上，離陸経路上あるいは滑走路上でおよそ15 m/秒の向かい風成分の減少*が観測された場合に，「マイクロバーストアラート」という警報が管制官から通報されます．

通報例

"Microburst alert, 40 knot loss over the runway"
"マイクロバースト警報，滑走路上で40ノット（およそ20 m/秒）の減少"

マイクロバーストアラートを受けた出発機は，離陸を開始してはいけないことになっています．到着機の場合は，滑走路に向かっての最終着陸態勢には入らずに上空で待機することになっています．もしも最終着陸態勢に入ってしまっているときにはゴーアラウンド（着陸復行）します．マイクロバーストの寿命は短いので，多くの場合は上空で10〜15分待機すれば着陸できるようになります．

このように，実際に観測された情報にもとづいて危険を回避することを「ナウキャスト（nowcast）」といいます．

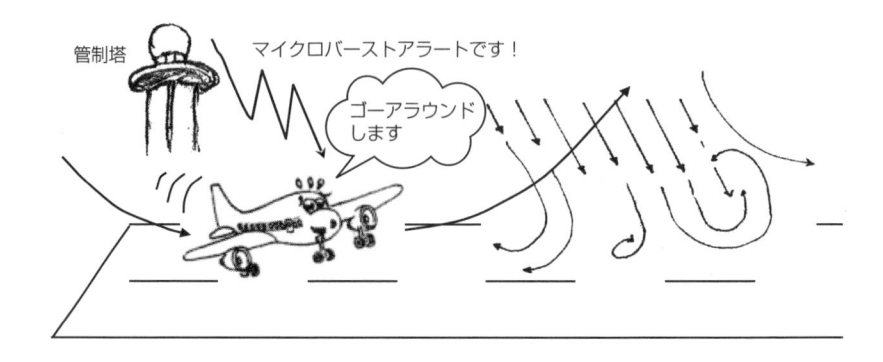

---

* マイクロバーストに遭遇したときには，まず向かい風を受けてそれから追い風を受けます．したがって，向かい風成分の減少とは向かい風の最大値と追い風の最大値の合計となります．最大10 m/秒の向かい風を受け，その後最大15 m/秒の追い風を受けた場合は，10＋15＝25 m/秒の向かい風成分の減少となります．

7-01 台風が空港を直撃したら運航はどうなるの？

台風が空港を直撃すると……

台風の風はただ強く吹くだけではなく，ウインドシアも伴います．また，豪雨により視界がとても悪くなることもあります．したがって，台風が空港を直撃すると飛行機の離着陸はとてもむずかしくなります．さらには，貨物や機内食の搭載などの地上ハンドリングも強い風雨のために中断しなければならなくなります．つまり，台風が来てしまったら飛行機の運航はできなくなってしまう可能性が大です．

フライトはすべて欠航になってしまうの？

日本列島に近づいた台風の多くは，30～60 km/時のスピードで西から東へと進んでいきます．したがって，ひとつの空港が台風による強い風や雨の影響を直接受けるのは，数時間程度ですむ場合がほとんどです．航空会社にとって，"運航が乱れてしまったときにいかに早くダイヤを正常に戻すか"もとても大切な課題となります．そのためには，飛行時間が1～2時間の国内線や短距離国際線は欠航となってしまうことが多くなります．中・長距離の国際線の場合は，出発や到着を数時間遅らせたり，または早めたりしてできるだけ運航できるように調整します．

どのようにして欠航するフライトを決めるか

航空会社が運航の可否を判断するために用いる情報は，基本的には気象庁の発表する台風情報です．これは，わたしたちが天気予報でよく見かけるものと同じで，予報円によって台風の進路が予想されているものです．航空会社は気象庁の台風情報にプラスして，当該空港の気象台が開催する説明会*

の情報，航空会社独自の予想，さらには気象情報サービス会社からの情報などできるだけ多くの情報を収集して，

① 台風が予報円の中をもっとも早く進んだ場合
② 台風が予報円の中をもっともゆっくりと進んだ場合
③ 台風が予想進路のもっとも左側を進んだ場合
④ 台風が予想進路のもっとも右側を進んだ場合

のすべての場合を想定して，その空港がもっとも早く暴風域に入る時間，暴風域内にある時間帯また風向などを予想します．

航空会社は，このような予想をもとにそれぞれのフライトを欠航にするのか，出発時間を変更するのか，あるいは条件付き運航にするのかを決定します．しかし，このような状況の下では台風の影響が予想される空港のスタッフがすべてを判断して決定するわけではありません．というのは，「暴風域内である可能性がとても大きいので，着陸はできないだろう」と判断することは比較的に簡単です．ただし，そのフライトを欠航にできるのかあるいはできないのかなどの判断をするためには，さまざまなことを考えなければなりません．たとえば，もしも欠航になってしまったら使用する予定であった機材（飛行機），パイロット，また客室乗務員のその後の予定はどうなってしまうのか？　予約していた乗客はいつ出発できるのか？　搭載されるはずの生鮮食料品の貨物はどうなってしまうのか？　などを含めたくさんのことを短時間で総合的に考慮する必要があるのです．

したがって，「欠航」などの重要な判断と最終的な決定は，ほとんどの場合その航空会社の本社中枢にあるオペレーションセンターによってなされます．その決定までのプロセスには，乗客へのご不便・ご迷惑をいかに最小限にとどめられるか，またいかに早く正常ダイヤに戻すことができるのかなどが熟慮されています．だから，それが最善策であると判断されたときには，フライトを定刻よりも早く出発させてしまうようなこともたまにはおこってしまうのです．

＊　台風の接近や大雪が予想されるときなど，当該空港の気象台は空港関係者向けの臨時の説明会を開催します．説明会では，詳細な資料の提供とともに予報官からの説明があり，また質疑応答もおこなわれます．

7-02 飛行ルート上に台風がある場合にはどうするの？

台風を避けて飛ぶのが常識

　飛行ルート上に台風がある場合には，台風を迂回できるようなルートに見直すことが鉄則です．というのは，台風の地表付近での現象は暴風や豪雨ですが，上空では厚い積乱雲が立ちこめているからです．積乱雲の中は強い乱気流，雷，またはひょうなどの危険な状況のオンパレードなので，むやみに積乱雲に突入することはできません．さらには，発達中の台風の積乱雲は雲のいただきの高さが13～14 kmにも達するので，ジェット旅客機であってもその上を飛び越えることはできません．

迂回した分だけ飛行時間は長くなる

　日本と東南アジアを結ぶ飛行ルートの要所である沖縄付近に台風があるために迂回しなければならないときには，台北，香港，バンコクなどとの間の飛行時間が30分から1時間も長くなってしまうことがあります．到着時刻が遅くなってしまうので乗客にご迷惑をおかけするとともに，燃料を多く消費するので航空会社にとっても大きな痛手となりますが，安全のためにはしかたがありません．

一部例外もある

　台風が日本列島付近に進んでくると，あるいは上陸すると多くの台風の勢力はだんだんに衰えてきます．勢力が衰えると積乱雲のいただきの高さもだんだん低くなってきます．このようなときに2000～3000 m程度積乱雲から間隔をあけて飛べることが予想できるときには，例外的に台風の上を飛び越すことがあります．積乱雲のはるか上空を通過するので飛行機がゆれること

もなく，乗客が知らないうちに台風の上を飛んでいたというようなことがほとんどです．

ただし，パイロットは気象レーダーを用いて積乱雲の高度を注意深く観測しています．もしも予想していたよりも雲の高さが高いときには，無理をせずにルートを変更して台風を迂回することになります．

台風迂回の例

日本から東南アジア方面へ向かうときには，北側から順につぎのような3本の幹線ルートがあります（図45参照）．

① 鹿児島上空から台北上空に向かう"A1"
② 沖永良部島上空から宮古島上空を通り，台南上空に向かう"G581"
③ 南大東島上空からマニラ上空に向かう"A590"

さて，成田から台北に向かうフライトはおおむね"A1"を利用します．ところが，図45では奄美大島の北西約240 kmの位置に"A1"をまさに阻

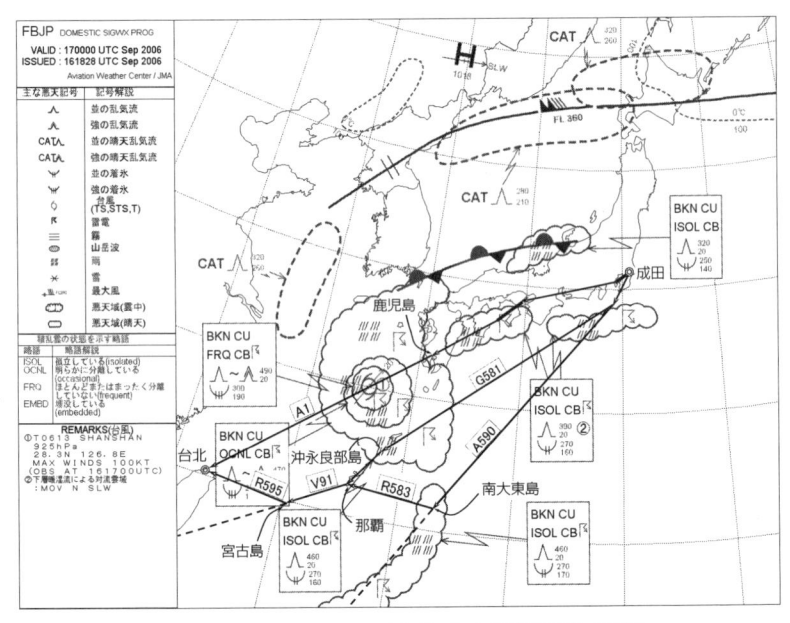

図45　台風迂回ルートの例（気象庁提供資料に加筆）

むかのように非常に強い台風があります．この場合，"A1"経由で台風の中心を突っ切るようにして台北に向かうことはできないので，"G581"を利用して沖永良部島−那覇−宮古島−台北と飛行するルートか，"A590"を利用して南大東島−那覇−宮古島−台北と飛行するルートが代表的な迂回路となります．ただし，"G581"経由ですと依然として台風の南東側積乱雲の中を400 km前後も飛ばなければならないので，"A590"経由のほうが好ましいかもしれません．

　"G581"経由ですと飛行時間はプラス20〜30分，また"A590"経由ですと飛行時間はプラス40〜50分となるでしょう．さらに，通常"A1"を飛行するフライトすべてが迂回してくるので,「空の渋滞」が予想されます．フローコントロールによる出発の遅れも覚悟しなければならなくなります．

7-03
台風が来る前に空港から飛行機が逃げるってほんとう？

　台風の中心付近の風の強さは，並の台風で20〜30 m/秒，ときには40〜50 m/秒以上になることだってあります．このため，飛行機を空港内に駐機しておくと風にあおられてひっくり返されてしまったり，風に飛ばされたものが飛行機にぶつかったりするおそれがあります．

　運航中の時間帯に台風が空港に接近することが予想されるときには，航空会社はフライトの欠航や遅延などの調整をしますので，空港に駐機中の飛行機は最小限になるので大きな問題とはなりません．しかし，多くの飛行機が長時間駐機している夜間に台風が空港に接近あるいは直撃することが予想されるときには，飛行機を避難させることも考えなくてはならなくなります．

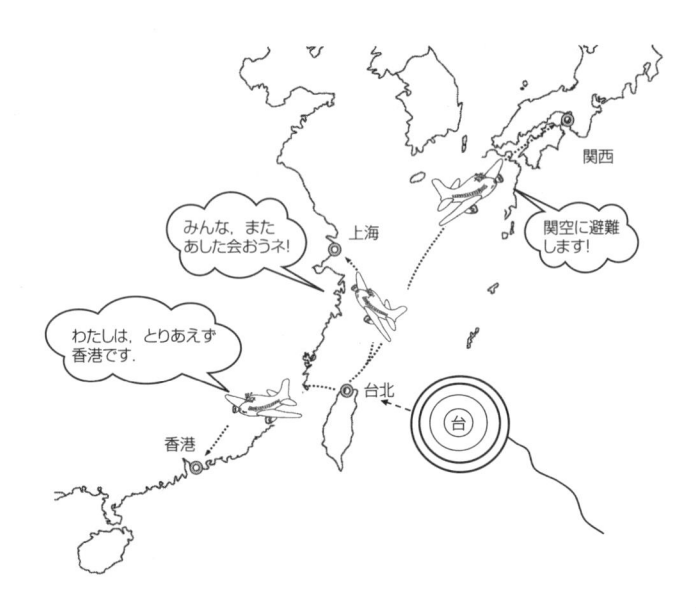

飛行機を避難させる風速の目安は，中・小型機でおよそ 30 m/秒以上，ジャンボ旅客機でおよそ 45 m/秒以上です．一口に避難させるといっても，どこに避難させるのか，翌日の運航はどうなってしまうのかなどをよく検討しなければならないので，簡単なことではありません．さらには，避難させるために操縦するパイロットも探さなければならないのです．このようなときには，各航空会社ともに同じように避難先を探しているので，希望した避難先の空港の駐機場がいっぱいで許可が下りないことだってあります．

　日本本土に台風が接近するときには，台風の勢力は弱まっていることが多いので，このような光景を見かけることはあまりありませんが，沖縄地方や台湾，フィリピンなど台風が勢力を保ちながら進むところでは，飛行機の避難はあたりまえのことになっています．

7-04
飛行機から台風の眼を見ることができるの？

台風の眼って？

台風の中心付近で風が弱く雲がない部分があります．これは台風の眼とよばれるもので，台風の眼の中に入ると風がおさまり青空が見えることもあります．直径は平均 40〜50 km くらいで，衛星画像でもはっきりと確認することができます．

旅客機から

さて，この台風の眼を飛行機から見ることができるかということですが，残念ながらわたしたちがふだん利用している旅客機からは台風の眼を見るこ

画像右下の台風の眼がはっきりとわかる
図 46　気象衛星画像（可視）2005 年 9 月 2 日 15 時（気象庁提供）

とができません．台風の眼がはっきりしているということは，その台風が大きな勢力を保っていることを意味します．つまり積乱雲の高さはとても高く，旅客機でその台風を飛び越えることはできないのです．「7-02 飛行ルート上に台風がある場合にはどうするの？」では例外的に台風の上空を飛ぶことがあるとお話ししましたが，その場合の台風は衰弱しはじめているので，台風の形が崩れてしまって眼がはっきりとしなくなっているはずです．

新聞社が成功した台風の眼の撮影

2004年7月30日，朝日新聞社の飛行機「あすか」は伊豆諸島・八丈島沖を西北西に進む台風10号の中心付近を上空から観察しました．上空1万2千mから見事台風の眼の撮影に成功し，当日の夕刊1面に写真付きで掲載されました．朝日新聞社のスタッフはおよそ4年間にもわたり，眼がはっきりとした，しかも雲の高度が低い台風の接近を待っていたそうです．さらに，この飛行機はらせんを描くように機体を旋回させ眼の底へと降りていったということです．とてもロマンのある話でうらやましいかぎりです．

(朝日新聞2004年7月30日夕刊より)
写真14　高度1万2千メートルからの「台風の眼」

8-01 飛行機に雪が積もると飛べないの？

　過去に世界中で，数多くの飛行機が翼に雪や氷が積もったまま離陸しようとして墜落する事故がおこっています．積もった雪の分だけ飛行機が重くなったからでしょうか？　それも理由のひとつかもしれませんが，もっともっと深刻な理由があるのです．

　飛行機は主翼が生み出す揚力によって空を飛ぶことができます．しかし，主翼の表面に雪や氷がつくと翼の断面の形が変わってしまい，翼の表面を流れる空気が大きく乱れて揚力がものすごく減少してしまうのです．つまり，ふつうは十分な揚力が発生するスピードでも失速状態*に陥ってしまうのです．

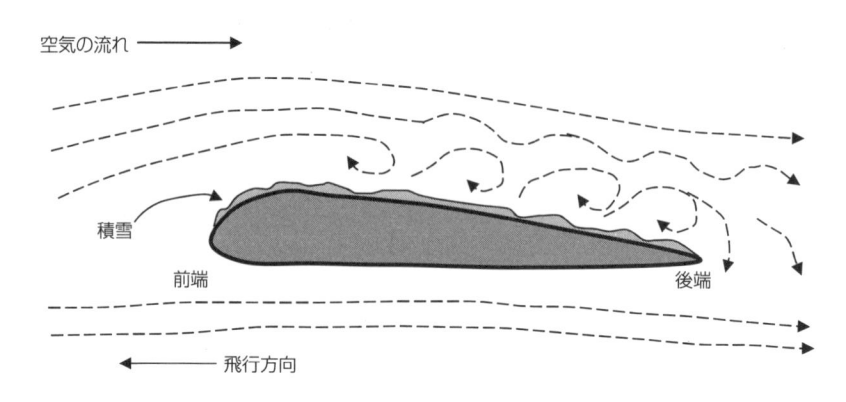

空気の流れ →

積雪

前端　　　　　　　　　　　　　後端

← 飛行方向

図47　積雪による主翼上面の空気の乱れ

*　飛行機のスピードがだんだん遅くなると揚力は小さくなり，ある一定の速度を下回ってしまうと揚力が小さくなりすぎて機体を支えきれなくなってしまい，飛行機は落下しはじめます．このような状態を「失速」といいます．

写真15　ディアイシングカー（苫小牧民報社提供）

　離陸時のスピードは200〜300 km/時ですから，翼に積もった雪なんか吹き飛ばされてしまうのでは？　と思うかもしれませんが，自動車と同じように一度冷えてしまった機体には雪はどんどん貼り付いてしまい，バリバリの氷になってしまいます．
　そこで雪が降っているときには，出発直前に飛行機に除氷液をかけて機体の雪や氷を落とし，さらに特に温度が低いときや降雪量が多いときには翼に防氷液をかけて離陸までに雪が凍りつかないようにします．

飛行機の除雪はどのようにするの？
　飛行機に雪が積もってしまったときには，ディアイシングカーとよばれるはしご車のような飛行機専用の除雪車が用いられます（写真15参照）．ディアイシングカーには除氷液と水用の大型タンクと強力な湯沸かし器が備え付けられています．除雪の方法は，はしご車が水をかけるのと同じような要領で除氷液とお湯をミックスしたものを翼や機体に吹きかけて積もった雪や氷を溶かして洗い流してしまうのです．

防氷効果には時間制限がある
　この除氷液には防氷効果もあり，降り続いている雪が新たに翼などに凍り

つくことを防いでくれます．また特に温度が低いときには除氷液で雪を落としたのちに翼に防氷効果の高い専用の防氷液を吹きかけて離陸までに雪が凍りつかないようにすることもあります．しかし，この防氷効果が持続する時間には限りがあり，また気温が低ければ低いほど持続時間は短くなってしまいます．せっかく除雪や防氷をしても離陸までにこの時間が切れてしまったら，ふたたび除氷液や防氷液を吹きかけるために飛行機は駐機場に戻ることになってしまいます．したがって，飛行機の除雪作業は乗客の搭乗や貨物の搭載などが終了し出発の準備が整ってから開始します．手際よく作業を終わらせないと防氷効果の持続時間が切れてしまうので，2台のディアイシングカーで左右の翼の除雪を同時におこなうようにします．

海外での例－ディアイシング・スポット

このように飛行機の除雪作業は出発直前に駐機場でおこなうのが一般的ですが，特に雪が多い海外の空港ではディアイシング・スポットとよばれる除雪専用の駐機場が設けられていることがあります．たとえば，ソウルの仁川（インチョン）空港にはそれぞれの滑走路の入り口近くに除氷液を吹きかける設備があるディアイシング・スポットがあります．出発機は駐機場からまずディアイシング・スポットに向かい，そこで除雪してからすぐに離陸できるので防氷効果の持続時間を気にする必要がなくなります．ガソリンスタンドのセルフの洗車機のようなイメージです．

コラム①　飛行機の除雪が遅れて成田空港は大混乱

　2006年1月21日，成田空港では早朝4時頃から深夜までほぼ一日じゅう雪が降り続き，歴代2位となる17 cmの降雪の深さ（13 cmの積雪）を記録しました．成田空港ではこれだけ長時間にわたって雪が降り続いたことはめずらしく，また降雪量も警報級の5 cmを大幅に超えるものとなってしまいました．この大雪によって，飛行機の翼についた雪や氷を取り除く作業が大幅に長引き，多くの出発便が大幅に遅れたり欠航になってしまったりしました．さらに悪いことには，出発便がなかなか出発できないところに続々と到着便が着陸したために駐機場が足りなくなってしまい，着陸から駐機場に到着するまで4～5時間かかった便も多くありました．

　この混乱は翌22日まで続き，21, 22日の両日で欠航便が162便（出発98便，到着64便），翌日への遅延便が158便（出発98便，到着60便）となってしまいました．成田空港における一日の通常の便数は出発・到着ともに約250便なので，およそ6割の便が欠航あるいは翌日までの遅延となってしまったのです．結果として，出発できなかった旅客や到着後交通手段のない旅客が多数生じてしまい，21日には約1万人が，22日には約3千人が空港ロビーなどで夜明かしすることになってしまいました．

　当時成田空港の各航空会社が保有するディアイシングカーは33台で，千歳空港の19台，羽田空港の31台と比較してもひけをとるものではありません．にもかかわらず，これだけの大きな影響があったということは，記録的な大雪だったことを証明しています．雪が多い千歳空港の19台が少ないのでは？　と思いますが，運航されている便数から考えれば少ないわけではありません．そのかわり，成田や羽田に比べて使用される頻度は比べものにならないくらいに多くなります．

　成田空港では，2006年1月の苦い経験にもとづきディアイシングカーが増やされ，2008年2月現在50台になりました．しかし，2007年のように雪が降らずディアイシングカーがほとんど出動しない年もあります．

> **コラム②　新潟県中越地震災害支援でディアイシングカーが大活躍**
>
> 　2004年10月23日に発生した新潟県中越地震で震度7を記録し，水道やガスの復旧が遅れていた北魚沼郡川口町の避難所に飛行機のディアイシングカーが運び込まれました．「給湯サービス」のボランティアのためにです．
> 　このディアイシングカーは羽田空港に配置されている全日空の車両で，6000リットルの水をためるタンクと大型の湯沸かし器が備えられています．全日空はこの車両を避難所での給湯ボランティアに使おうと，2004年11月15日川口町田麦山小学校の避難所に運び込みました．
> 　ディアイシングカーで沸かされたお湯は適温に調整されて仮設風呂浴槽や食器洗い用タンクへの給湯がおこなわれ，また洗濯用や湯たんぽ用にも用いられました．
> 　全日空はこの避難所の方々が12月15日に仮設住宅へ移転するまでの31日間この活動を続け，延べ給湯量は15万2700リットル，仮設風呂の利用者は2473名だったそうです．

8-02
滑走路に雪が積もるとやはり離着陸できないの？

滑走路に積雪したときの影響

　滑走路に雪が積もったら具体的にどのような影響があるのでしょうか？まず飛行機の性能面への影響として，①離陸のときに積雪によって思うように加速ができない，②着陸あるいは離陸を中止したときにブレーキのききが悪くなる，③横風が強いときにスリップして滑走路からはみ出してしまう，などがあげられます．またそのほかの影響としては，④積もった雪で滑走路や誘導路が見えなくなり，どこにあるのかわからなくなってしまうことや，⑤強い風により積もった雪が吹き上げられて地吹雪となり，まわりがまったく見えなくなってしまうこともあります．さらには，⑥雪が溶けてシャーベット状になった状態（スラッシュ）のときには，タイヤによって跳ね飛ばされたスラッシュによって機体がダメージを受けてしまうこともあります．

どれくらいの積雪で離着陸できなくなるの？

　離着陸ができるかどうかの判断の目安となる積雪の量は，各航空会社によって定められています．一般的には，スラッシュの場合には深さ 13 mm 以上，ぼたん雪とよばれる雪の結晶そのものが大きく湿った雪の場合には深さ 25 mm 以上，また粉雪とよばれる雪の結晶が小さくてさらさらな乾いた雪の場合には 60 mm 以上が離着陸禁止の基準になっています．

滑走路の除雪の開始はだれが判断するの？

　滑走路の除雪が必要であるかどうかの判断や実際の除雪作業は，その空港を運営する機関や会社によっておこなわれます．除雪開始の基準は各航空会社が定めた離着陸の基準に沿うように空港ごとに定められています．ちなみ

に成田空港の場合は，成田国際空港株式会社によって除雪開始の判断基準が定められていて，「滑走路面上に 12 mm 以上の積雪があるとき，あるいは 12 mm 未満の積雪があり −4℃ 以下のとき（凍結の可能性があるので）」となっています．

　滑走路の除雪をするためには滑走路を閉鎖しなければならないので，飛行機が運航している時間帯の除雪開始の判断はとてもむずかしいものとなります．

8-03
滑走路の除雪はどのようにするの？

　大型旅客機が離着陸する滑走路の幅は 60 m もあります．成田空港の A 滑走路は長さが 4000 m あるので，片側 1 車線の 6 m 幅の道路に換算するとおよそ 40 km の長さに，またサッカーグランドに換算するとおよそ 34 面分の面積になります．

　滑走路の除雪をするときには滑走路を閉鎖しなければならないので，除雪中には飛行機の離着陸ができなくなります．したがって，こんなにも広い滑走路であっても，少しでも短い時間で除雪をしなければならないのです．

空港専用の除雪車両

　滑走路の除雪をするためには，プラウ除雪車，スイーパ除雪車，ロータリ除雪車などの空港専用の除雪車が使われます（写真 16 参照）．

写真 16　新千歳空港の除雪車両（東京航空局新千歳空港事務所提供）

プラウ除雪車：トラックの前方に斜めに排雪板（プラウ）を取り付け，走りながら滑走路上の雪を片側にかき寄せる除雪車．

スイーパ除雪車：大型の回転ブラシで滑走路面に凍りついた雪をかきとり，ブロワ（風を吹き出す装置）で吹き飛ばしてしまう除雪車．スイーパ除雪車はプラウ除雪車につながれて走行し，プラウ除雪車が雪をかき寄せた直後に作業をおこないます．

ロータリ除雪車：プラウ除雪車がかき寄せた雪を吸い込んで，上部の投雪口からはき出して遠くまで飛ばしてしまう除雪車．

雁行除雪

幅が広い滑走路を短時間で除雪するために，「雁行除雪」という方法が用いられています．雁行とは空を飛ぶ雁の行列のように斜めに並んでいくことで，複数の除雪車が雁行状態で進みながら除雪をおこないます（図48，写真17参照）．

図48は，プラウ除雪車＋スイーパ除雪車（牽引式）8台とロータリ除雪車1台での雁行除雪のイメージを示したものです．まず，滑走路の中心付近の雪を8台のプラウ除雪車＋スイーパ除雪車（牽引式）でどんどん左側にかき寄せ，最後にロータリ除雪車でかき寄せられた雪を滑走路外に飛ばしてしまうように除雪がおこなわれます．したがって，滑走路を除雪車が片道進むと滑走路の片側半分の除雪が終わり，除雪車がUターンして滑走路を往復したところで滑走路全体の除雪が完了することになります．このような方法

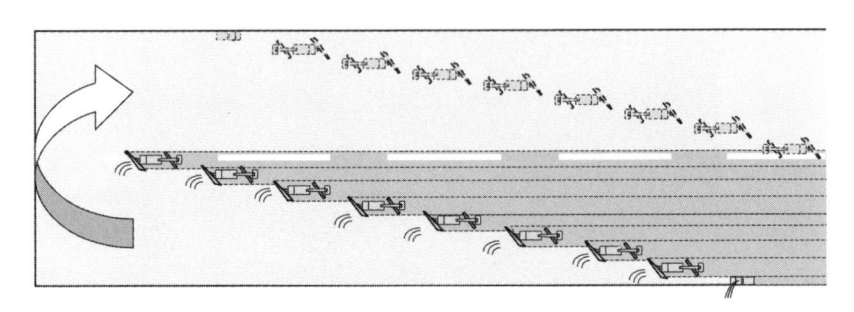

図48 雁行除雪のイメージ

でてぎわよく除雪をしても，4000 m の滑走路では1時間弱の時間が必要となります．

写真 17　雁行除雪（能登空港利用促進協議会提供）

コラム　中部空港には雪は降らないはずだったのに !?　②

　2005年12月22日，中部国際空港では除雪車を配備しないまま降雪を迎え，滑走路が9時間近くも閉鎖されてしまったことは「2-20 滑走路が閉鎖になったら出発機や到着機はどうなるの？」内のコラムで紹介しました．

　実はこの大混乱した日の降雪は5 cm でしたが，翌年の2006年12月29日には8 cm の降雪があり，開港以来の最高を記録しました．空港会社は前年の教訓から除雪車を購入配備していたため，除雪のための滑走路閉鎖は午前10時25分から1時間半で済ますことができました．国際線国内線あわせて78便が欠航，15便が他空港にダイバージョンするなど終日混乱しましたが，前年の224便欠航に比べれば影響が少なかったといえ，空港会社はなんとか面目を保つことができました．

　しかし，「基本的に雪は降らない」と考えられていた空港に2年連続で積もるような雪が降った事実は残ってしまいました．

8-04
滑走路の滑りやすさを表現する方法はあるの？

　滑走路の滑りやすさ表現するためには，「ブレーキングアクション」とよばれるブレーキのきき具合による分類が用いられています．

　空港を運営する機関や会社は，除雪が終わったときや滑走路面の状況の変化があると思われるときなどに，滑走路の摩擦係数を測定します．測定にはサーブフリクションテスターとよばれる測定車が用いられ（図49参照），滑走路上を走行しながら摩擦係数を測定します．

　ブレーキングアクションは，摩擦係数の測定値により6つのカテゴリーに分類され（表4参照），一般的にブレーキングアクションがVERY POORの場合には離着陸が禁止されます．

左右後輪の間にある5つ目のタイヤが滑走路上を転がりながら測定する

図49　サーブフリクションテスター

表4　ブレーキングアクションの分類

摩擦係数の測定値	ブレーキングアクション
0.40 以上	GOOD
0.36～0.39	MEDIUM TO GOOD
0.30～0.35	MEDIUM
0.26～0.29	MEDIUM TO POOR
0.20～0.25	POOR
0.19 未満	VERY POOR

8-05 飛行機への着氷って？影響は？

着氷ってどういうこと？

着氷とは，飛行機の表面に大気中の湿気が凍りつくことをいいます．主に飛行機が上昇中や降下中で雲の中を飛行しているときで外気温が$-3℃$〜$-10℃$くらいのときに強い着氷がおこります．雲の中には$0℃$以下になっても凍らずに液体のままでいる小さな水滴（過冷却水滴）が存在します．過冷却水滴は機体に衝突すると凍結して機体にはり付き，どんどん成長していってしまうのです．ただし，機体全体に着氷するわけではなく，主に主翼の前縁，コックピットの窓，エンジンの空気取り入れ口，速度や高度を検知する装置など，機体表面の空気がぶつかりやすいところに着氷します．

着氷するとどうなるの？

主翼の前縁に着氷すると翼の形が変わってしまうため，翼の表面を流れる空気の流れが乱れて揚力が低下してしまいます．揚力が低下すると失速して

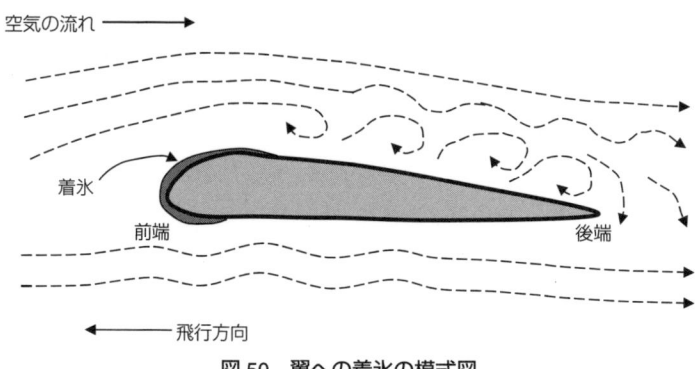

図50　翼への着氷の模式図

しまい，機体は落下しはじめてしまいます．エンジンの空気取り入れ口についた氷がエンジンに吸い込まれると，エンジンの内部が破損してしまうことがあります．また，速度や高度を検知する装置に着氷すると，速度計や高度計が誤作動することがあります．さらに，コックピットの窓ガラスに着氷すると前が見えなくなってしまいます．

防氷装置

このように，飛行機への着氷は安全な運航の大きな妨げとなります．そこで，飛行機には着氷を防ぐ「防氷装置」が備えられています．主翼の前縁やエンジンの空気取り入れ口の内部にはダクトが通されていて，エンジンから借りてきた高温の空気を流すことができるようになっています．コックピットの窓ガラスや速度や高度を検出する装置には電熱ヒーターが使われています．

パイロットは着氷が予想される区域，つまり外気温が$-3℃$〜$-10℃$くらいの雲の中を飛行するときには，防氷装置を作動させて着氷しないように配慮しています．また，ボーイング777型機のような新型の旅客機には，自動で着氷を検知し防氷してくれるシステムも採用されています．なお，飛行中に予想外あるいは予想以上の強い着氷があったときには，管制官，運航管理者あるいは後続の飛行機のパイロットに無線で連絡し注意を促すようにしています．

9-01
雨も飛行機に影響を与えるの？

これまでに飛行機の運航に影響を与えるいろいろな天気のことを見てきましたが，それでは雨はどうなのでしょうか？　なんか雨でも飛行機が飛べないことがあるんじゃないかと心配になってきてしまいました．

雨の影響は？

ふつうは雨が直接の原因となって飛行機が飛べなくなってしまうことはありません．しかし車の運転をしているときもそうですが，あまりにも雨の降り方が激しいときにはコックピットの窓ガラスにあたる雨やしぶきがワイパーではぬぐいきれずに，見通しがとても悪くなってしまうことがあります．このようなときには，一時的に離陸や着陸を中断して雨が弱くなるのを待つことがあります．また，霧雨のときにも視界は悪くなります．

滑走路には，水はけがよくなるような特別なくふうがなされていることが多いのですが，もしも水たまりができてしまったらブレーキの性能が悪くなってしまいます．もちろん，パイロットは雨が降っているときには，ブレーキの効きが悪いことを想定して慎重に操縦しています．

コックピットの窓にもワイパーがついているの？

自動車と同じように飛行機のコックピットの窓にはワイパーがついています．しかし，この飛行機のワイパーは飛行中に使われることはありません．なぜなら，飛行機は雲の上を飛んでいるからです．雨は雲から降ってくるわけですから，雲より上を飛んでいるときにはワイパーは必要ありません．つまり，このワイパーが使われるのは，着陸前や離陸後の低空飛行のときや地上を走行しているときだけなのです．

写真18　コックピットの窓のワイパー（ユナイテッド航空機，著者撮影）

　コンピュータなどの技術が進み飛行機が自動で操縦してくれる部分は多くなってきていますが，地上を走行しているときはパイロットが目で見ながら手動で操縦しています．したがって，使う頻度や時間は少ないのですが，雨がふっているときにはこの飛行機のワイパーはどうしても必要となるのです．
　さて，写真18を見るとよくわかると思いますが，飛行機のワイパーはコックピット前方の左右の窓ガラスに1つずつついています．車のワイパーは左右がきちんと同じスピードで同時に動いていますが，飛行機のワイパーはちょっと違うんです．どのように違うかというと，左右のスピードが異なったり片側しか動いていなかったりするのです．なぜなら，飛行機の正面から見た右側の窓のワイパーは機長専用，左側の窓のワイパーは副操縦士専用だからです．機長，副操縦士ともに自分の前のワイパーは自分の手もとのスイッチで操作します．
　ちなみに，ワイパーが動くスピードはこれまでの多くの飛行機では"HIGH"と"LOW"の2種類でしたが，新型の飛行機では車と同じような"INT"（間欠）がついて3種類となっているものもあります．

9-02
大雨が降ると滑走路にも水たまりができるの？

　もしも滑走路に水たまりができたら飛行機はどうなってしまうでしょうか？　小さな水たまりが1つや2つできたくらいなら大きな問題にはならないでしょう．しかし，大きな水たまりができたり，そこらじゅうに水たまりができたりしたら大問題なんです．

　では，なぜ大きな問題となるのでしょうか？　まず考えられることは，水たまりの抵抗により離陸をするときに加速が鈍ってしまい，ふだんよりも長く離陸滑走をしなければならなくなることです．だけど，そんなことよりももっともっと大きな安全に直接かかわる問題があるのです．

　それは，ハイドロプレーニング現象とよばれる現象です（図51参照）．何となく聞いたことがあるように思うかもしれませんが，自動車の免許を持っている人は必ず教習所で教わっているはずなのです．これは，高速で大きな水たまりを通過するときに，タイヤと路面の間に水が入り込み，タイヤが水面に浮いたような状態になってしまう現象です．タイヤは浮いた状態で水面をそのまま滑っていってしまうので，ブレーキもハンドル操作も効かなくな

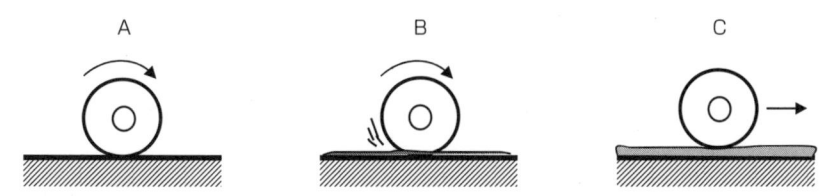

　路面が乾燥時は，タイヤは路面と接触して回転しながら進む（A）．路面に水たまりがあっても厚みがわずかであれば，タイヤは水をかき分け路面と接触して回転しながら進む（B）．路面の水たまりが厚く，さらにタイヤの進行するスピードが高速だと，タイヤは水の上に浮いてしまい回転することなしに滑っていってしまう（C）．

図51　ハイドロプレーニング現象

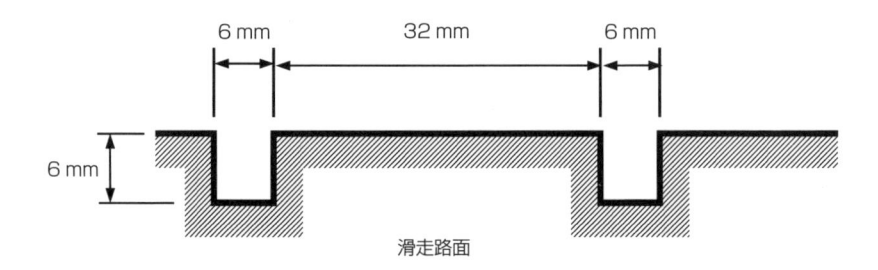

図52 滑走路面のグルービング

ってしまいます．つまり，もしも着陸時にハイドロプレーニング現象がおこってしまったら，滑走路からはみ出してしまうかもしれないのです．

このような危険を避けるために（水たまりができないようにするために），まず滑走路の路面は中心部分がややふくらんだかまぼこ形になるように傾斜がつけられています．さらに水はけをよくするために，滑走路の表面には「グルービング」とよばれる溝が一定の間隔で刻まれています（図52参照）．遠くから見たらまったくわかりませんが，滑走路にはこのようなくふうがなされているのです．

しかし，天気予報で「バケツをひっくり返したように降る」と表現されるような雨の強さが1時間に30 mm以上のときには，滑走路上を雨水が流れるようになってしまうので，離着陸は一時的に見合わせて降りが弱くなるのを待つこともあります．

9-03
飛行機雲はほんとうの雲？
それとも排気ガス？

飛行機雲は，飛んでいる飛行機の航跡に白く伸びる線状の雲のことです．子どものころに飛行機雲を見つけたときには，なんだかとても得したように思いましたし，いまでも目を細めて飛行機雲の先に飛んでいる飛行機を探してしまいます．

飛行機雲はどうしてできるの？
飛行機雲ができる理由には3種類あるといわれています．
① ジェットエンジンの排出ガスに含まれる水蒸気
飛行機の排出ガスには多量の水蒸気が含まれています．この水蒸気が上空の低温のところで急激に冷やされて雲の粒（水や氷の小さな粒）となり飛行機雲ができるのです．冬の寒い日に自動車の排気ガスが白くなるのと同じことです．
② 飛行機のまわりの空気の圧縮・膨張
飛行機が飛ぶときには空気を切り裂きながら飛んでいます．したがって，飛行機の先端部分でまわりの空気は急に圧縮され，飛行機の後ろのほうで膨張します．膨張したときには空気の温度が下がるので，空気中の水蒸気が凝結して雲の粒となるのです．
③ 飛行機の移動に伴う気流の乱れによって発生した上昇流
飛行機が飛ぶと機体の後方の空気は乱れ，気流に波動が生じたり小さな渦ができたりします．このときに小さな上昇気流が生じて水蒸気を多く含んだ空気が凝結して飛行機雲となるのです．

したがって，飛行機雲ができる原因には排出ガスも関係していますが，排出ガスの煙自体ではありません．また，3種類の原因に共通していることは，

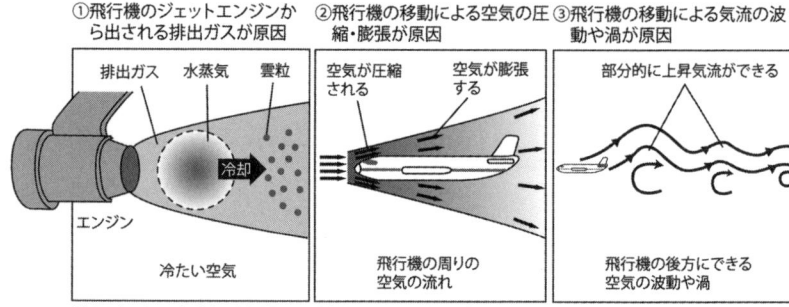

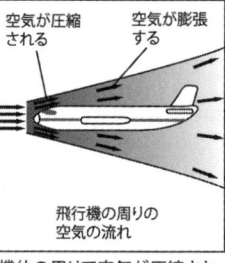

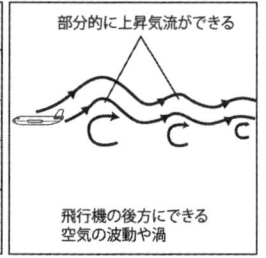

9 そのほかの気象現象と飛行機

①飛行機のジェットエンジンから出される排出ガスが原因
排出ガス　水蒸気　雲粒
冷却
エンジン
冷たい空気
排出ガス中の水蒸気が急激に冷やされて雲粒に変化する。

②飛行機の移動による空気の圧縮・膨張が原因
空気が圧縮される　空気が膨張する
飛行機の周りの空気の流れ
機体の周りで空気が圧縮されたあと急に膨張して雲ができる。

③飛行機の移動による気流の波動や渦が原因
部分的に上昇気流ができる
飛行機の後方にできる空気の波動や渦
機体の後方の空気の波動や渦によって上昇気流が生じて雲ができる。

図 53　飛行機雲ができるしくみ

水蒸気の凝結によるものであることです．つまり，飛行機雲はれっきとした"雲"であることがわかりました．しかし，あえていえば"人工の雲"ということになります．

飛行機雲ができると雨が降る？

飛行機雲は飛行機が飛んだ後ろにいつもできるわけではありません．また，できたとしてもすぐに消えてしまうこともあれば，しばらくのあいだ消えないで空に残っているときもあります．ことわざに「飛行機雲ができると雨降りか曇りとなる」や「晴天に飛行機雲がでると翌日雨」などがありますが，生活の知恵ともいえるこれらのことわざは科学的にも説明できるようです．

飛行機雲はまわりの空気が乾燥しているとすぐに消えてしまいます．ところが，まわりの空気が湿っていると飛行機雲は消えずに軌跡が長く残るのです．ところで，低気圧が接近しているときには上空から地表の方向に向かってだんだんに湿った空気が流れ込みます．したがって，飛行機雲が長い時間残っているときは，上空の空気が湿っているときで低気圧が接近していることが多いのです．だから，飛行機雲ができると雨が降るというようなことわざが生まれたのですね．

ちなみに，このような「天気のことわざ」はさまざまなものがありますが，空や雲の状態から天気を予想することを「観天望気」といいます．わたした

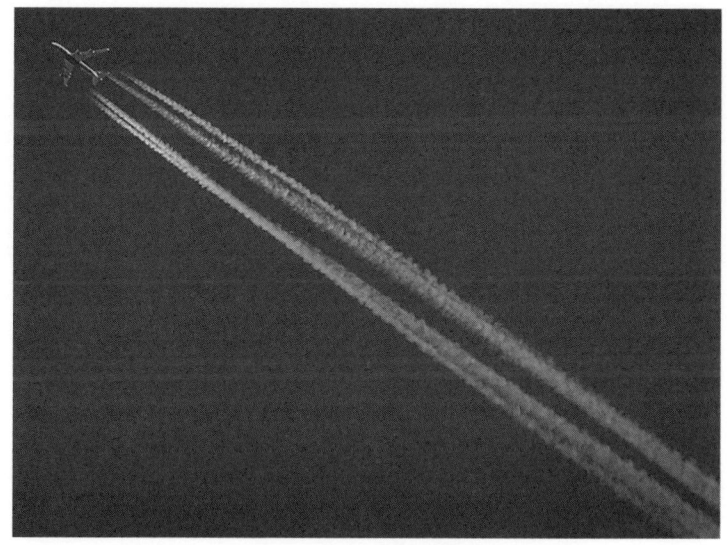

飛行機雲はほんとうの雲？　それとも排気ガス？ | 151

[http://www.airliners.net/open.file/0756176/M/ より]
写真 19　飛行機雲

ちの祖先が経験にもとづき残してくれたことわざには，意外と科学的にも説明ができるものが多いようです．

9-04 火山の噴火は運航に影響を与えるの？

　火山の噴火によって噴き上げられた火山灰は，飛行機がふだん飛んでいるような高いところまで舞い上がりただよいます．その火山灰の中を飛行機が飛ぶとエンジンの停止や機体の損傷など，重大な影響を受けてしまうことがあります．

飛行機が火山灰の中を飛ぶと………
① エンジン停止
　火山灰はガラス質の成分などを含むとても細かい粒でできていますが，600〜800℃ で溶け出します．エンジンの内部は 1000℃ 以上になるために，エンジンに吸い込まれた火山灰は溶けてエンジンの内部に目詰まりをおこしエンジンが停止してしまうこともあるのです．
② 機体の損傷
　火山灰のひとつひとつの粒子の形は不規則で硬いので，コックピットの窓ガラスに傷をつけてパイロットの視界を奪ってしまいます．また，機体の各部（特に翼など）にも紙ヤスリで削られたようなたくさんの細かい傷ができてしまいます．
③ 機体の腐食
　火山灰が空気中の水蒸気を吸収すると二酸化硫黄が硫酸に化学変化するので，機体の各部を腐食させてしまいます．

エンジン停止の実例
　1982年，インドネシア・ジャワ島北部のガルングン火山の噴火では，火山灰の中を飛行したボーイング747型ジャンボ機の4基のエンジンすべてが

停止し,14分間にわたって推力を失いグライダーのような状態になってしまいました.さらに,コックピットの窓ガラスには傷がつき前方がほとんど見えない状況でしたが,ジャカルタ空港に緊急着陸することができました.また,1989年にはアラスカのリダウト火山が噴火し,同じくボーイング747型ジャンボ機の4基のエンジンすべてが一時停止の事態に陥り,アンカレジ空港に緊急着陸しました.

火山灰による空港の閉鎖

1991年6月,フィリピン・ピナツボ火山の噴火のときには,火山灰が滑走路に積もってしまったためにマニラ空港は数週間にもわたって閉鎖されてしまいました.

火山灰はどれくらい拡散するの？

空中に浮いてただよう火山灰の粒子は,1〜100マイクロメートル(1マイクロメートルは1mmの1000分の1)の大きさです.火山の噴火によって火山灰が噴き上げられる高さは,噴火の規模によって変わりますが,10〜40kmに達することもあります.

高度9〜14kmの高さに流れるジェット気流のあたりに噴き上げられた火山灰は,ジェット気流に乗って何千kmも運ばれ,地球の裏側まで広がることがあります.

1982年のメキシコ・エルチチョン火山噴火のときは上空30km,1991年のフィリピン・ピナツボ火山噴火のときは上空40kmの成層圏にまで火山灰が達し,広く地球を覆いました.これらの火山の火山灰は噴火後1〜3年間も空中をただよい,日本を含むほとんどの国で地表に届く太陽光の減少が観測されました*.また,ふだんよりも色鮮やかな朝焼けや夕焼けが見えたということです.

火山灰はまず回避する

火山灰は飛行機の運航に大きな影響を与えるので,火山灰は避けて飛ぶことがもっとも大切です.ところが,やっかいなことに火山灰の雲はふつうの

154 | 9 そのほかの気象現象と飛行機

[http://vulcan.wr.usgs.gov/Volacanoes/Philippines/Pinatubo/images.htm より]
写真 20　フィリピン・ピナツボ火山の噴煙

雲とちがい水分が少ないので飛行機の気象レーダーには映りません．また，特に夜間の飛行中にパイロットが火山灰雲を目で発見することはむずかしいのです．では，飛行中に火山が噴火したことをどのようにして知ればよいのでしょうか？　やはり，地上から連絡することが基本となります．連絡を受けたらその地域から十分離れて飛行するように，また可能であれば火山の風上側を飛行するようにしなければなりません．飛行中に火山灰の雲を発見したときには，管制機関や運航管理者に通報することになっています．

火山灰情報センター（VAAC：Volcanic Ash Advisory Center）

火山灰から飛行機の安全を守るために，世界9か所に火山灰情報センターが設置されていて，それぞれの領域の火山の監視を行い航空路ごとの火山灰情報を発表・交換しています．これら9か所の火山灰情報センターで全世界の火山がカバーされています．日本では東京航空地方気象台（羽田空港）に

* 火山灰を含む大気中の微粒子（エアロゾル）により太陽の光がさえぎられて地球上の気温が低下することを「日傘効果」とよびます．日傘の働きに似ていることから名づけられました．

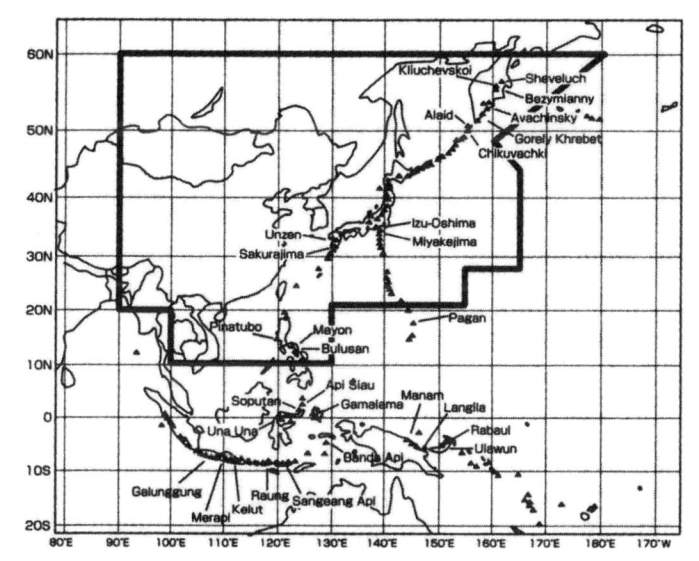

▲印は主な火山を示す．太い実線の範囲内が東京 VAAC の責任領域である．

図 54　東京 VAAC の責任領域（AIM-j より）

　火山灰情報センターを設置し，アジア・太平洋地域を飛行する飛行機に火山の噴火や火山灰に関する情報を提供しています（火山灰拡散実況図の実例については「2-06 パイロットはどれくらいの気象情報をもっているの？」を参照してください）．

　ちなみに東京以外の火山灰情報センターは，
　・ロンドン（イギリス）
　・トゥールーズ（フランス）
　・アンカレジ（アメリカ）
　・ワシントン（アメリカ）
　・モントリオール（カナダ）
　・ダーウィン（オーストラリア）
　・ウェリントン（ニュージーランド）
　・ブエノスアイレス（アルゼンチン）
の 8 か所です．

9-05 飛行機からオーロラを見ることができるの？

オーロラって何なの？

「オーロラ」とは，太陽の表面から宇宙空間に飛び出した電気を帯びた粒子（プラズマ）が，地球大気の上のほうにぶつかったときにおこる放電現象でその大気が発光することです．

オーロラは，高緯度地方，特に北極周辺の「オーロラベルト」とよばれる地域で 11 月下旬から 4 月中旬の冬季によく見ることができます．

飛行機からオーロラは見えるの？

オーロラが光っているのは地上 100〜500 km の高さです．飛行機が飛ぶ高さは 10 km 付近なので，オーロラは飛行機よりも 10 倍以上の高さで光っているのです．つまり，地上から見るのと同じように飛行機からもオーロラは上のほうに見えるはずです．飛行機からだと雲にじゃまされることがないので，地上からよりもオーロラが見える可能性が高くなります．飛行機の窓から見たときに，オーロラが飛行機と同じ高さあるいは少し下のほうに見えることがあります．これは地球が丸いためで，はるか遠くの雲が目の高さに見えるのと同じことです．したがって，飛行機の窓からオーロラを探すときには，上のほうばかりではなく空全体を見ていたほうがよいでしょう．

どんなフライトに乗ればいいの？

しかし，どんなフライトからでもオーロラが見えるわけではありません．では，どんな条件のフライトに乗ればオーロラを見ることができるのでしょうか？　まずは，冬の期間に北極周辺のオーロラベルトの上空を飛行するフライトでなければなりません．また，オーロラは暗い夜空で光るので，オー

ロラベルト通過中は夜間である必要があります．

このような条件を満たすフライトは，ヨーロッパを昼過ぎに出発して翌日の朝日本に到着する冬季のフライトです．なぜなら，シベリア付近のオーロラベルトを飛行しているときに夜中になるからです．また，正午前後に日本を出発してアメリカの東海岸（ニューヨーク，ワシントンDCなど）へ向かう冬季のフライトもアラスカ付近で夜中になるのでオーロラが見えるチャンスがあります．ただし，日本からアメリカに向かうフライトは上空の風の吹きかたによって毎日飛行ルートが変わり，アラスカ上空を通らないことも多くあるので，機内のスクリーンに映し出された飛行機の現在位置を確認してください．

なお，日本を昼間に出発してヨーロッパに向かうフライトやアメリカ東海岸を昼間に出発して日本に向かうフライトは太陽を追いかけながら飛んでいます．したがって，フライト中はずっと昼間で夜にならないので，オーロラを見るチャンスはありません．

とはいっても，よっぽど運がよくないと飛行機からオーロラを見ることはできないと思ったほうがよいでしょう．ほんとうにオーロラを見たいのならば，時間とお金はかかりますが「オーロラ鑑賞ツアー」に参加することをお勧めします．

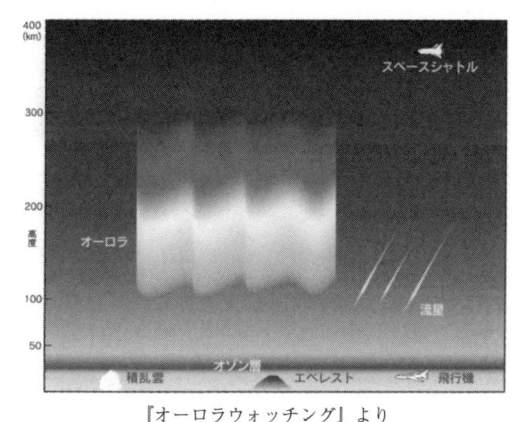

『オーロラウォッチング』より
図55　オーロラが発生する高さ

9-06 地震も飛行機の運航に影響を与えるの？

　飛行機は空を飛んでいますので，飛行中に地上でどんなに大きな地震があったとしても飛行機がゆれたりはしません．地震の震動が大気中に伝わり乱気流が発生したりすることはないからです．したがって，飛行中は地震の影響を直接受けることはありません．言いかえれば，飛行中は地震のことを心配する必要はないのです．

　しかし，地震による被害が空港におよんでしまったときには飛行機の運航にも何らかの影響があることが予想できます．大きな地震＊の後には滑走路を閉鎖して亀裂などがないか自動車を走らせて確認します．もしも，大きなダメージが発見されれば，その滑走路からの離発着ができなくなってしまいます．また，空港内のさまざまな施設も点検しなければなりません．管制塔の設備や無線設備など直接飛行機の運航にかかわりのあるものに被害がおよべば，大きな影響があると考えられます．

　ただし，滑走路を含む空港のさまざまな施設は大きな地震にも耐えられるように設計されており，管制塔の設備など重要なものにはバックアップのシステムが用意されています．

＊　実際にどれくらいの大きさの地震であったのか，気象台やニュース速報の情報を待っている時間はありません．管制塔で離着陸の許可の発出を担当する管制官が"滑走路の点検が必要である"と感じる地震であった場合は即時に滑走路は閉鎖されます．滑走路に向かって最終着陸態勢の飛行機には「ゴーアラウンド」が指示されます．地上で地震があったことなど知るよしもないパイロットは，首をかしげながらゴーアラウンドしていき，後から地震があったことを知らされるのです．

9-07 黄砂も運航に影響を与えるの？

黄砂って何？

「黄砂」とは，中国大陸内陸部のゴビ砂漠やタクラマカン砂漠などの乾燥地帯で巻き上げられた細かい砂が，上空の風によって遠くまで運ばれて地表にゆっくりと降ってくるものです（図56参照）．季節的には3月から5月にかけて最も多く観測されます（図57参照）．

黄砂がやってくると空は黄褐色になり，太陽がかすんで見えるようになることもあります．黄砂は外に干した洗濯物を汚すなどわたしたちの生活に影響を与えます．

図56 黄砂飛来のしくみ（気象庁ホームページより）

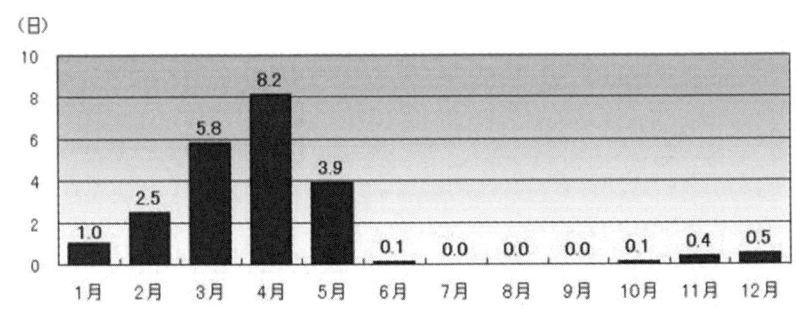

160 | 9 そのほかの気象現象と飛行機

図57 月別黄砂観測日数平均値（1971年〜2000年）（気象庁ホームページより）

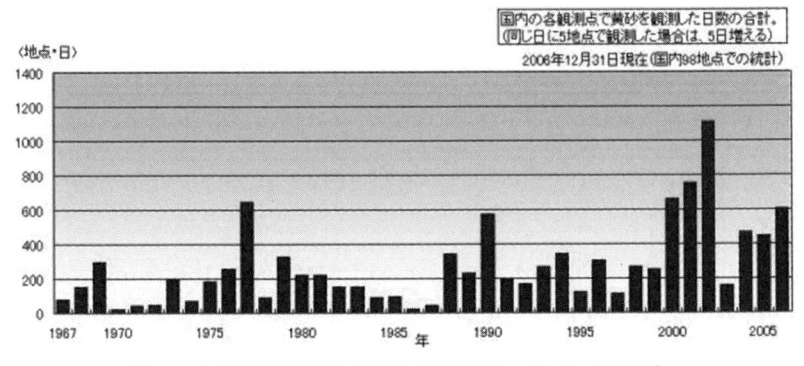

図58 年別黄砂観測のべ日数（気象庁ホームページより）

飛行機への影響は？

黄砂による飛行機の運航への影響は，まず視界が悪くなることがあげられます．また，エンジンが黄砂を吸い込むと内部に損傷を受けたり，コックピットの窓ガラスに擦り傷がついてしまったりすることもあります．

黄砂は増えているの？

近年，日本に運ばれる黄砂が増えているといわれています（図58参照）．2002年に国内98地点で黄砂が観測されたのべ日数は1129日（1日に5地点で黄砂が観測された場合，のべ日数は5日として数えます）と観測史上最多を記録しました．なお，2007年に黄砂が観測されたのべ日数は5月31日現

在544日で，2006年とほぼ同じ水準になると思われます．

過放牧や耕地の拡大などによる砂漠化が進んでいることが影響して黄砂が増えているという指摘があります．

黄砂情報

気象庁は，日本で広範囲にわたって濃い黄砂を観測した場合，または予測した場合には「黄砂に関する気象情報」を発表しています．さらに，気象庁ホームページ上には，黄砂を観測した地点の分布図である「黄砂観測実況図」と黄砂の予測をする「黄砂予想図」が掲載されています．

《参考文献》

Charles F. Spence 編集，2006：AIM/FAR 2007. McGraw-Hill
DOT/FAA 監修，2003：Pilot's Handbook of Aeronautical Knowledge. DOT/FAA
FAA/NWS 監修，1975：AviationWeather. ASA
NHK 放送文化研究所，2005：NHK 気象・災害ハンドブック．日本放送出版協会
エラワン・ウイパー，2005：ジャンボ旅客機 99 の謎．二見書房
大野久雄，2001：雷雨とメソ気象．東京堂出版
学習研究社，1979：学研の図鑑天気・気象．学習研究社
加藤喜美夫，2003：航空と気象 ABC（三訂版）．成山堂書店
上出洋介監修，2005：オーロラウオッチングオーロラに会いにいこう．誠文堂新光社
木村龍治監修，2004：よくわかる気象・天気図の読み方・楽しみ方．成美堂出版
航空管制用語解説編集委員，1982：航空管制用語解説．航空交通管制協会
国土交通省航空局：AIP JAPAN (Aeronautical Information Publication). 国土交通省航空局
国土交通省航空局／気象庁監修：AIM-j (Aeronautical Information Manual JAPAN). 日本航空機操縦士協会
佐貫亦男，1980：ジャンボ・ジェットはどう飛ぶか．講談社
嶋村克・山内豊太郎，2002：天気の不思議がわかる本．廣済堂出版
白木正規，1998：百万人の天気教室（5 訂版）．成山堂書店
新星出版社編集部，2005：気象・天気のしくみ．新星出版社
新東京航空地方気象台，2004：成田国際空港気象観測 30 年報．新東京航空地方気象台
全日空広報室，1995：エアラインハンドブック Q & A100．ぎょうせい
武田一夫，2001：台風飛行．朝日ソノラマ
武田康男，2005：楽しい気象観察図鑑．草思社
デビー・シーマン，2000：もう飛行機なんか怖くない．プレアデス出版

天気予報技術研究会，2000：気象予報士試験実技演習例題集．東京堂出版
天気予報技術研究会，2000：最新天気予報の技術（改訂版）．東京堂出版
中田隆一，2001：天気予報のための局地気象のみかた．東京堂出版
中山章，1996：最新航空気象．東京堂出版
中山直樹・佐藤晃，2005：よくわかる最新飛行機の基本と仕組み．秀和システム
中山秀太郎監修，1989：どうしたら飛べるか．小峰書店
新田尚・稲葉征男・古川武彦，2000：気象予報士試験学科演習．オーム社
新田尚監修，1996：気象予報士のための天気予報用語集．東京堂出版
新田尚監修，2005：合格の法則気象予報士試験［学科編］．オーム社
新田尚監修，2006：合格の法則気象予報士試験［実技編］．オーム社
日本航空広報部，1997：改訂新版航空実用辞典．朝日ソノラマ
橋本梅治・鈴木義男，2003：新しい航空気象改訂12版．クライム
股野宏志，1991：気象エッセイひまわり．新苑新書
ミーヴ・バーン・クラングル，2002：もう飛行機はこわくない！．主婦の友社
三浦郁夫・川崎宣昭，2005：お天気なんでも小辞典．技術評論社
三澤慶洋，2005：図解でわかる飛行機のすべて．日本実業出版社
宮澤清治，2001：天気図と気象の本（改訂新版）．国際地学協会
村山義夫，1999：航空機の運航ABC．成山堂書店
山本忠敬，1999：飛行機の歴史．福音館書店

《参考ホームページ》
コックピット日記 JAL カード
http://www.jalcard.co.jp/library/cockpit/index.html
コントレール〜航空気象〜加藤喜美夫
http://www.aerosim.co.jp/contl/framel.htm
航空豆知識 JAL カード
http://www.jalcard.co.jp/library/knowledge/index.html

《写真・図版提供》
朝日新聞社
石川県能登空港利用促進協議会
東京航空局新千歳空港事務所
苫小牧民報社
成田航空地方気象台
ユナイテッド航空会社

《本文イラスト》
いなばひろつぐ

索引

あ

アウトフローバルブ　56
悪天　14, 15, 22, 42
悪天予想図　22, 38
雨　145
あられ　118
ウインドシア　64, 68, 80, 83, 123
ウインドプロファイラ　104
浮田幸吉　4
雲間放電　114
運航管理者　33, 34, 35, 42, 96, 144, 154
雲頂　93
雲底　92
雲粒　11, 92
エアポケット　100
ARTCC　26
煙霧　109
追い風　81, 83
オーロラ　156
オゾン　11, 61
オゾンコンバーター　62
オゾン層　61
オペレーションセンター　124

か

外耳　58
回転翼機　2
下降気流　80, 83, 89, 93, 94, 100, 101, 112, 119,
笠雲　102
火山の噴火　152
火山灰　152
火山灰情報センター（VAAC）　154
風　14, 24, 80

風・気温予想図　21, 38
風の息　81
滑走路視距離　19
滑走路の除雪　73, 137
滑走路の幅　139
滑走路の閉鎖　72, 74
滑走路の方向　54
滑走路の摩擦係数　142
滑走路の水たまり　145, 147
滑走路への積雪　137
雷　112, 114, 125
過冷却水滴　143
雁行除雪　140
管制官　42, 96, 111, 112, 122, 144, 158
管制機関　154
管制塔　48, 52, 63, 67, 74, 75, 85, 92
観測室　17
観天望気　150
気圧　6, 8, 11, 45, 56, 58
気温　45
気象衛星画像　130
気象官署　16, 20
気象現象のスケール　41
気象要素　17, 19
気象レーダー　42, 95, 103, 112, 115, 121, 126, 154
季節風　80
客室乗務員　98
凝結　92, 102, 149
強風　67
局地風　80
霧　34, 107
空域予報　21

空気の密度 44
空港気象ドップラーレーダー 104, 121
空港専用の除雪車両 139
空港における気象観測 16
雲 92
クラブ（crab） 78
グルービング 148
計器飛行証明 111
計器飛行方式 111
軽航空機 2
決心高度 63, 67
煙 109
航空機 2
航空気象予報 19
航空交通管理センター（ATMセンター） 26, 75
航空性中耳炎 60
航空路（エアウェイ） 24
航空路火山灰情報 40
航空路火山灰情報の実例 39
航空路予報 38
航空路予報の実例 39
黄砂 109, 159
黄砂情報 161
降水 109
降水ナウキャスト情報 43
航跡乱気流 88, 90
降ひょう 112
抗力 6, 7
ゴーアラウンド（着陸復行） 63, 68, 75, 85, 122
国際民間航空機関（ICAO） 15, 23, 24
国内悪天予想図 102
固定翼機 2
鼓膜 58

さ

サーブフリクションテスター 142
最大横風限界 52
最大離陸重量 44
最低気象条件 31, 65, 72
砂じんあらし 109
山岳波 88, 101
シートベルト 94, 96, 98, 113
GPWS 85
ジェットエンジン 5, 44
ジェット気流 25, 26, 27, 28, 30, 95
紫外線 11, 61
視界不良 67
耳管 58
シグメット（SIGMET） 22, 38
シグメットの例 22
地震 158
失速 132, 143
視程 19, 67, 107
自動操縦 111
地吹雪 109, 137
シャルル兄弟 3
重航空機 2
集中豪雨 112
重力 7
主風向 54
主翼の断面 5
条件付き運航 32, 124
上昇気流 14, 80, 83, 89, 92, 93, 94, 101, 112, 149
除氷液 133
スイーパ除雪車 140
水蒸気 11, 92, 107, 149
水平視程 107, 109
推力 6, 7, 9, 44, 47
ステップ・アップ・クライム 9
スラッシュ 137

成層圏　11, 25, 61, 62, 153
成層圏界面　11
静電放電装置　115
晴天乱気流（CAT）　14, 88, 95, 99, 103
制動距離　48
世界空域予報組織（WAFS）　21, 22
積雲　91
積乱雲　42, 89, 112, 115, 117, 125
前線　49, 66, 90
全天候型低層ウインドシア情報　105

た

大気　13
対気速度　48, 83
大気の構造　10
大圏コース　26
代替空港　31, 32, 35, 65, 66
対地接近警報装置　85
対地速度　48, 51
ダイバージョン（目的地外着陸）　30, 65, 67, 69, 75, 113
台風　69, 123, 125, 128, 130
台風情報　123
台風の眼　130
対流　80
対流圏　10, 25
対流圏界面　10
ダウンバースト（下降噴流）　68, 89, 119
卓越風　54
竜巻　112
TAFの例　37
着氷　112, 143
中間圏　11
中耳　58
ディアイシングカー　133
ディアイシングスポット　134

低気圧　66, 150
低層ウインドシア　84
低層乱気流　89, 103, 104
デ・クラブ（de-crab）　79
天気　13
天候調査中　31
搭乗手続き一時中止　31
トーイングトラクタ　47, 72, 74
突風　68, 112, 119
ドップラーライダー　105
飛ぶものの分類　1

な

ナウキャスト（nowcast）　41, 42, 106, 122
入道雲　112
熱圏　11

は

ハイドロプレーニング現象　147
パイロット・リポート　42
バルサルバ法　60
日傘効果　154
引き返し　65, 66
飛行機雲　149
飛行計画　31, 33, 34, 38
飛行場気象情報　20
飛行場警報　20, 37
飛行場警報の種類　20
飛行場警報の例　37
飛行場時系列予報　23
飛行場実況（METAR）　36
飛行場予報（TAF）　19, 37, 70
ひょう　68, 112, 114, 117, 118, 125
被雷　68, 112
避雷針　115, 116
ファンブレード　5
風配図（ウインドローズ）　54

プッシュバック　74
フライヤー1号　4
ブラウ除雪車　140
プラズマ　156
ブリードエア　56
ブリーフィング　33, 35
浮力　2, 3
ブレーキングアクション　142
フローコントロール　75, 127
米国海洋大気局（NOAA）　30
偏西風　25
防氷液　133
防氷装置　144
暴風域　124
飽和水蒸気量　92
ホールディング　34, 63, 65, 68, 69, 70, 74, 113
ポテンシャル予報　42, 95, 106

ま

マイクロバースト　64, 119, 121
マイクロバーストアラート　122
マクロバースト　119
ミストアプローチ（進入復行）　63, 67
ミニマム・タイム・トラック（MTT）　26
向かい風　81, 83
向かい風成分の減少　122
METARの例　37
もや　107
モンゴルフィエ兄弟　3

や

有視界気象状態　110

有視界飛行方式　110
優先滑走路　48
誘導路（タクシーウェイ）　47, 72, 74, 113
与圧　56
揚力　2, 3, 4, 5, 6, 7, 44, 45, 47, 132
横風　52, 64, 67, 77, 83, 137
横風成分　53

ら

雷雨　64, 68
雷雲　112, 115
ライト兄弟　3
落雷（対地放電）　112, 115
乱気流　87, 93, 100, 101, 103, 112, 115, 125
乱気流の強さによる分類　89
乱流　87
流体　87
リリエンタール　3
離陸性能　44
レンズ雲　102
ローター雲　102
ロータリ除雪車　140
ロケット　2
露場　17

わ

ワイパー　145
WAFS　21, 22
悪いお天気　14, 15

《著者略歴》

稲葉弘樹（いなば・ひろき）
1963年東京都生まれ．1986年慶應義塾大学法学部政治学科卒業．日本電信電話株式会社にて，システムエンジニアとして自然言語処理，音声合成技術を応用した情報通信システムの開発に従事．1989年ユナイテッド航空会社に移り，経理部，旅客部を経て，現在運航管理部部長代理．気象予報士．共著として『合格の法則 気象予報士試験［学科編］』（オーム社），『合格の法則 気象予報士試験［実技編］』（オーム社），『気象予報士試験数式問題解説集 実技編』（東京堂出版），『気象予報士模擬試験問題』（朝倉書店）がある．

ずっと知りたかった飛行機の事情―お天気とのビミョーな関係

2008年7月10日　初版印刷
2008年7月15日　初版発行

著　者　稲　葉　弘　樹（いなば・ひろき）
発行者　松　林　孝　至
印　刷　株式会社　三秀舎
製　本　渡辺製本株式会社

発行所　株式会社　東京堂出版
　　　　〒101-0051　東京都千代田区神田神保町1-17
　　　　電話　03-3233-3741　振替　00130-7-270

ISBN978-4-490-20638-8　C0040　　　　　　　　©Hiroki Inaba 2008,
Printed in Japan

◎東京堂出版の本

航空機・航空券の謎と不思議
谷川一巳著　四六判292頁　本体1600円
「なぜ機体への乗降は左側なのか」「滑走路の先端にある数字の意味は？」ますます身近になった"空の旅"にまつわる謎や雑学を紹介。

ずっと受けたかったお天気の授業
池田洋人著　Ａ５判160頁　本体1500円
「風はどうして吹くの？」「空はどうして青いの？」などお天気の疑問を、雨・気温など7つのハテナにわけ、先生と生徒との対話形式で、イラストをつかって説明。

季節さわやか事典
倉嶋　厚著　四六判408頁　本体2600円
読売新聞の「お茶の間歳時記」に掲載されたコラムから選び、一部加筆して収められたお天気博士の名随筆。四季の移ろいを俳句や和歌、ことわざを織り交ぜながら綴る。

季節ほのぼの事典
倉嶋　厚著　四六判244頁　本体1700円
32年にわたり読売新聞に連載された季節のエッセーやコラムから収録。日本の四季を愛した著者の名随筆集。

天気予報のつくりかた─最新の観測技術と解析技法による─
CD-ROM付　下山紀夫・伊東譲司著　四六倍判280頁　本体5200円
予報作業の基本操作を中心に各段階のポイント・操作テクニックを簡潔に解説。CD-ROMに実際の予報事例を収録し、実務者への生きた知識を紹介。

気象予報のための天気図のみかた
CD-ROM付　下山紀夫著　菊倍判208頁　本体5200円
気象情報・気象資料にはどのようなものがあり、それをどうしたら天気予報に利用できるかを、図版を多数挿入して解説。CD-ROMには天気図等予想資料を収録。

気象予報による意思決定─不確実情報の経済価値─
立平良三著　Ａ５版288頁　本体2600円
気象情報まだ不確実情報である。本書はこの不確実な気象予報をもとに最大限の経済価値を引き出す方法を解説。企業や公共機関では効果的な利用指針として役立つ。

定価は本体＋税となります。